DLG-Futterwerttabellen - Pferde -

DLG - Futterwerttabellen
- Pferde -

Herausgeber: Universität Hohenheim - Dokumentationsstelle -

3., erweiterte und neu gestaltete Auflage

DLG-Verlag • Frankfurt am Main

Die Deutsche Bibliothek - CIP-Einheitsaufnahme

Deutsche Landwirtschafts-Gesellschaft:
DLG-Futterwerttabellen - Pferde / Hrsg.: Universität Hohenheim - Dokumentationsstelle. - 3., erw. und neu gestaltete Aufl. - Frankfurt am Main : DLG-Verl., 1995
  2. Aufl. u.d.T.: Deutsche Landwirtschafts-Gesellschaft: DLG-Futterwerttabellen für Pferde
  ISBN 3-7690-0490-6
NE: HST

Die Empfehlungen zur Energie- und Nährstoffversorgung der Pferde wurden von der Gesellschaft für Ernährungsphysiologie (Ausschuß für Bedarfsnormen 1994) zusammengestellt.

Die Vervielfältigung und Übertragung einzelner Textabschnitte, Zeichnungen oder Bilder, auch für Zwecke der Unterrichtsgestaltung, gestattet das Urheberrecht nur, wenn sie mit dem Verlag vorher vereinbart wurden. Im Einzelfall muß über die Zahlung einer Gebühr für die Nutzung fremden geistigen Eigentums entschieden werden. Das gilt für die Vervielfältigung durch alle Verfahren einschließlich Speicherung und jede Übertragung auf Papier, Transparente, Filme, Bänder, Platten und andere Medien.

© 1995: DLG-Verlags-GmbH, Eschborner Landstraße 122, 60489 Frankfurt am Main.

Lektorat: Dr. H.-H. Freese
Gesamtherstellung: Fa. Regina Grüßing, 37217 Witzenhausen
Printed in Germany: ISBN-3-7690-0490-6

Vorwort zur 3. Auflage

Futtermittel sind das Rückgrat jeder Fütterung. Möglichst zuverlässige Angaben über den Futterwert sind dabei für eine artgerechte und ökonomische Fütterung unentbehrlich.

Eine Tabelle kann nur punktuelle Angaben zum Futterwert liefern. Die DLG-Futterwerttabellen geben jedoch nicht nur durch Hinweise über die Zahl der zugrundeliegenden Untersuchungen eine Vorstellung über die Zuverlässigkeit der Angaben, sondern auch durch Berücksichtigung verschiedener Entwicklungsstadien bei Futterpflanzen, vor allem aber auch durch Angabe der Standardabweichungen eine Vorstellung über die Variationsbreite der Gehalte von Inhaltsstoffen in Futtermitteln. Damit werden die Voraussetzungen für eine sachgerechte Anwendung geschaffen. Die neue Tabelle wurde kräftig "entschlackt" durch Elimination von Futtermitteln, die in der Pferdefütterung ohne Bedeutung sind, und gestrafft durch Zusammenlegung von Futtermitteln identischer Herkunft. Gleichzeitig war Gelegenheit, alle Werte nochmals zu überprüfen und neue Futteranalysen (Rohnährstoffe, Mineralien) sowie Ergebnisse von Verdauungsversuchen bei Pferden, die leider nicht sehr zahlreich sind, einzufügen. Die zusätzlichen Angaben über den Natrium- und Chlorgehalt der Futtermittel geben die Möglichkeit, die Versorgung der Pferde mit diesen wichtigen Elektrolyten, die mit dem Schweiß abgegeben werden, besser einzuschätzen.

Parallel zu den überarbeiteten Werten der Futterwerttabelle können auch die neuen Empfehlungen über den Energie- und Nährstoffbedarf des Pferdes, die von der Gesellschaft für Ernährungsphysiologie 1994 verabschiedet wurden, dem Leser präsentiert werden. Damit liefert die DLG-Futterwerttabelle das unentbehrliche Gerüst für Rationsberechnungen beim Pferd.

Auf Hinweise zur Fütterungspraxis wird verzichtet, da nur kurze Anmerkungen die differenzierten Hintergründe der Pferdefütterung aus verdauungs-, ernährungs- und leistungsphysiologischer Sicht nicht hinreichend berücksichtigen können. Der interessierte Leser wird in entsprechenden Lehrbüchern (Ahlswede, 1991, Meyer, 1993) die notwendigen Informationen finden.

Die Dokumentationsstelle Hohenheim hat durch sorgfältige Aufarbeitung des Materials wiederum dazu beigetragen, daß die Fütterung der Pferde weiter optimiert werden kann.

H. Meyer

Inhaltsverzeichnis

 Seite

Vorwort zur 3. Auflage   5

Abkürzungen und Zeichenerklärungen   7

1   Hinweise zur Benutzung der Tabelle   9

1.1   Einteilung der Tabelle   9
1.2   Bezeichnung der Futtermittel   9
1.3   Aufwuchs und Vegetationsstadien, weitere Differenzierungen   9
1.4   Rohnährstoffe   11
1.5   Verdaulichkeit der Rohnährstoffe   11
1.6   Mineralstoffe   13
1.7   Verdauliche Energie und verdauliches Rohprotein   14
1.8   Schätzung des Gehaltes an verdaulicher Energie (DE) von Mischfutter   15

2   Empfehlungen zur Energie- und Nährstoffversorgung   16

2.1   Erwachsene Sportpferde   16
2.2   Trächtige und laktierende Stuten sowie Deckhengste   17
2.3   Wachsende Pferde   18
2.4   Mineralstoffe und Spurenelemente   23
2.5   Vitamine   23
2.6   Trockenmasseaufnahme   24

3   Literatur zur Fütterungspraxis   28

4   Futterwerttabelle   29

    (1) Grünfutter, Wurzeln, Knollen usw., frisch   30
    (2) Silagen   46
    (3) Heu, Spreu und Stroh   58
    (4) Handels- und andere Futtermittel   68

5   Register der Synonyme   92

Abkürzungen und Zeichenerklärungen

n	=	Anzahl der Proben bzw. Versuchstiere
T	=	Trockenmasse
XA	=	Rohasche
OM	=	Organische Masse
XP	=	Rohprotein
XL	=	Rohfett
XF	=	Rohfaser
XX	=	N-freie Extraktstoffe
dO	=	Verdaulichkeit der Organischen Masse
dP	=	Verdaulichkeit des Rohproteins
dL	=	Verdaulichkeit des Rohfettes
dF	=	Verdaulichkeit der Rohfaser
dX	=	Verdaulichkeit der NfE
DP	=	Verdauliches Rohprotein
DL	=	Verdauliches Rohfett
DF	=	Verdauliche Rohfaser
DX	=	Verdauliche NfE
DE	=	Verdauliche Energie
FM	=	Frischmasse
LM	=	Lebendmasse
MJ	=	Mega-Joule
g	=	Gramm
FMV	=	Futtermittelverordnung
VQ	=	Verdauungsquotient
NPN	=	Nicht-Protein-Stickstoff

Gehalt an Rohnährstoffen:

0 = Der Gehalt liegt unter 0,5 g/kg T.

Verdaulichkeit der Rohnährstoffe:

Bei den angegebenen Werten handelt es sich stets um die "scheinbare Verdaulichkeit".

+ = Die angegebene Verdaulichkeit ist ein Mittelwert von nahezu identischen Futtermitteln (siehe 1.5 a).
0 = Die Verdaulichkeit ist nicht bestimmbar, Null oder negativ.

* = Es liegen keine Verdauungsversuche vor. Die angegebenen Verdaulichkeiten sind mit Hilfe von Regressionsgleichungen geschätzt (siehe 1.5 b).

— = Es liegen keine Ergebnisse von Verdauungsversuchen, auch nicht von vergleichbaren Futtermitteln, vor (siehe 1.5 c).

Gehalte an Energie und verdaulichem Protein:

() = Die in Klammern gesetzten Werte sind mit einer gewissen Unsicherheit behaftet und können deshalb nur als Anhaltspunkt dienen. Sie wurden in Ermangelung experimenteller Daten mit Hilfe geschätzter Verdaulichkeiten berechnet.

0 = Gehalt liegt unter 0,5 g/kg bzw. 0,01 MJ/kg.

Gehalt an Mineralstoffen:

— = Es liegen weniger als drei Untersuchungsbefunde vor.

+ = Es liegen weniger als drei Untersuchungsbefunde vor. Der angegebene Gehalt wurde von einem nahezu identisch zusammengesetzten Futtermittel übernommen (siehe 1.6).

1 Hinweise zur Benutzung der Tabelle

1.1 Einteilung der Tabelle

Die Futtermittel sind in 4 Gruppen unterteilt:

(1) Grünfutter, Wurzeln, Knollen usw., frisch
(2) Silagen
(3) Heu, Spreu und Stroh
(4) Handels- und andere Futtermittel

Innerhalb der Gruppen sind die Futtermittel in alphabetischer Reihenfolge aufgeführt. Die handelsüblichen industriellen Nebenerzeugnisse mit hohem Wassergehalt (z.B. Biertreber, Hefe, Schlempe) sind der Gruppe 1, Silagen aus solchen Erzeugnissen der Gruppe 2 zugeordnet. Milchprodukte als Futtermittel (z.B. Buttermilch, Magermilch, Molken) sind der Gruppe 4 zugeteilt. Fette und Öle sind unter den Begriffen "Pflanzenöle" bzw. "Tierfette und -öle" eingeordnet.

1.2 Bezeichnung der Futtermittel

Bei den wirtschaftseigenen Futtermitteln erfolgt die Benennung nach der gebräuchlichen Bezeichnung. Neben der deutschen Bezeichnung der Pflanzenart ist auch die wissenschaftliche aufgeführt.
Für zahlreiche Futtermittel werden im deutschen Sprachraum unterschiedliche Bezeichnungen (Synonyme) benutzt. Um das Auffinden von Futtermitteln auch unter solchen, nicht im Tabellenteil verwendeten Bezeichnungen zu ermöglichen, werden gebräuchliche Synonyme im Register mit Verweisen auf die in der Tabelle benutzten Bezeichnungen aufgeführt. Auch Wortumkehrungen, wie z.B.

Weizenschlempe = Schlempe (Weizen)

sind im Register berücksichtigt.

1.3 Aufwuchs und Vegetationsstadien, weitere Differenzierungen

Grünfuttermittel sind nach Aufwuchs und Wachstumsstadien unterteilt. Beim 2. und den folgenden Grünlandaufwüchsen werden anstelle des Wachstumsstadiums die Wachstumszeiten - von der letzten Nutzung an gerechnet - angegeben.

Bei der Zuordnung der Pflanzenbestände zu den jeweiligen Wachstumsstadien werden folgende Kriterien zugrunde gelegt:

Weide, Wiese, Gräser, Getreide:

vor dem Ähren- bzw. Rispenschieben	= Bestand hauptsächlich aus Blättern bestehend, noch vor dem Schossen
im Ähren- bzw. Rispenschieben	= etwa die Hälfte der Ähren bzw. Rispen sind sichtbar
Beginn bis Mitte der Blüte	= etwa 10 % bis 50 % des Bestandes sind in der Blüte
Ende der Blüte	= 50 % des Bestandes sind in der Blüte, 50 % bereits verblüht
überständig	= über 50 % des Bestandes sind verblüht, die unteren Blätter sind vergilbt

Leguminosen:

vor der Knospe	= nur Blätter und weiche Stengel sind vorhanden
in der Knospe	= etwa 50 % des Bestandes tragen Blütenknospen
Beginn bis Mitte der Blüte	= etwa 10 % bis 50 % des Bestandes sind in der Blüte
Ende der Blüte bis Samenbildung	= 50 % des Bestandes sind in der Blüte, 50% bereits verblüht
in der Gelbreife	= alle Hülsen sind dunkel, Samen noch mit dem Fingernagel ritzbar
in der Vollreife	= die Samen sind in den zuletzt ausgebildeten Hülsen hart

Mais:

Beginn der Kolbenbildung	= Rispen in voller Blüte
in der Milchreife	= Körner sind gut ausgebildet, aber der Korninhalt ist milchig
Beginn der Teigreife	= Körner sind hellgelb, noch weich, Korninhalt teigartig
Ende der Teigreife	= Körner sind gelb und Korninhalt wachsartig

Bei Grünmais und Maissilage bezieht sich der Kolbenanteil auf die Trockenmasse, desgleichen der Körneranteil bei Getreide und Getreidesilagen.
Den Futtermittelbezeichnungen sind - falls erforderlich - differenzierende Angaben hinzugefügt. Bei Pflanzen, von denen verschiedene Teile getrennt zur Verfütterung

kommen, sind zusätzlich zu den Pflanzennamen die Bezeichnungen dieser Teile angegeben, z. B.

... Frucht
... Wurzel
... Samen.

Handelsfuttermittel sind entsprechend der Futtermittelverordnung (FMV), Anlage 1 benannt. Sofern in der FMV einzelne Futtermittel nicht näher spezifiziert sind, z. B. Kokoskuchen/Expeller, Molken, Schlempen, werden entsprechende Ergänzungen der Bezeichnungen vorgenommen. Bei Ölkuchen/Expellern, Maiskleberfutter usw. wird auch nach dem Protein- bzw. Fettgehalt differenziert.

1.4 Rohnährstoffe

Die Gehalte an Rohnährstoffen sind in g je kg Trockenmasse angegeben. Sie stellen Mittelwerte dar, die bei den einzelnen Futtermitteln aus einer unterschiedlichen Anzahl von Werten berechnet wurden. Die Zahl der für diese Berechnung benutzten Einzelwerte ist den Mittelwerten vorangestellt (für 1000 oder mehr Daten wird jedoch aus technischen Gründen die Anzahl mit 999 angegeben). Futtermittel, für die weniger als 3 Analysenergebnisse vorliegen, sind in der Tabelle nicht berücksichtigt. Um den Fortschritten in Pflanzenzucht, Produktions- und Verarbeitungstechnik Rechnung zu tragen, wurden nur Analysenergebnisse ab 1950 verarbeitet. Eine Null (0) gibt an, daß dieser Nährstoff nicht oder nur in nicht bestimmbaren Mengen enthalten ist (unter 0,5 g/kg T). Die Standardabweichung ist unterhalb des jeweiligen Mittelwertes angegeben. Bei den Gehalten an Trockenmasse wird auf die Angabe der Standardabweichung verzichtet, da diese entsprechend den praktischen Gegebenheiten gerundet sind.

Die für die Berechnung der Mittelwerte benutzten Daten sind in der Futtermitteldatenbank der Dokumentationsstelle Hohenheim gespeichert. Sie wurden ausschließlich aus Originaldokumenten, d.h. aus Veröffentlichungen, Attesten, direkten Mitteilungen oder Berichten der Untersuchungsanstalten nach sorgfältiger Prüfung erfasst. Dies gilt auch für die Verdaulichkeiten und die Mineralstoffgehalte.

1.5 Verdaulichkeit der Rohnährstoffe

Bei der in der Tabelle aufgeführten Verdaulichkeit handelt es sich stets um die "scheinbare Verdaulichkeit", die in Prozent angegeben ist.

Für das Pferd liegen im Vergleich zu Rind, Schaf oder Schwein nur relativ wenig Ergebnisse von Verdauungsversuchen vor. In Anbetracht dieses sehr begrenzten Datenmaterials konnten bei der Bearbeitung der Tabelle nicht dieselben strengen Maßstäbe wie bei der Erstellung der 6. Auflage der Futterwerttabellen für Wiederkäuer oder Schweine angelegt werden. Dies hätte zu einer weiteren "Ausdünnung" der Tabelle geführt. Es wurden daher in der vorliegenden Tabelle alle zur Verfügung stehenden Verdauungsversuche berücksichtigt, also auch ältere, vor 1950 durchgeführte und solche mit nur 1 oder 2 Versuchstieren.

Sofern für die einzelnen Futtermittel Tierversuche vorliegen, sind die angegebenen Verdaulichkeiten Mittelwerte, die aus den Ergebnissen einer unterschiedlichen Anzahl solcher Versuche berechnet wurden. Liegen für ein Futtermittel die Ergebnisse von mindestens 3 Versuchstieren vor, so ist unterhalb der jeweiligen Verdaulichkeit die zugehörige Standardabweichung aufgeführt. Sie ist zusammen mit der Anzahl der Versuchstiere, die sich in der Spalte "Anzahl der Tiere", findet, ein Maß für die Zuverlässigkeit der Aussage.

Für eine große Anzahl von Futtermitteln liegen keine Verdauungsversuche beim Pferd vor. Um bei fehlenden Daten eine für die Praxis ausreichend genaue Berechnung oder Abschätzung der Verdaulichkeit und des Energiegehaltes vornehmen zu können, wurde wie folgt verfahren:

a) Bei nahezu identisch zusammengesetzten und eng verwandten Futtermitteln wurden die Ergebnisse von Verdauungsversuchen zusammengefaßt und in einzelnen Fällen, bei denen keine Verdauungsversuche vorlagen, auch übernommen. So wurden z. B. bei den Ölsaatrückständen von Lein die Ergebnisse der wenigen vorhandenen Verdauungsversuche zusammengefaßt und die Mittelwerte der Verdaulichkeiten sowohl für Leinextraktionsschrot als auch für Leinkuchen mit 4-8 % bzw. über 8 % Rohfett eingesetzt. In analoger Weise wurde bei Press- und Trockenschnitzel verfahren, wobei die erhaltenen mittleren Verdaulichkeiten für diese beiden Produkte verwendet und auch für Naßschnitzel übernommen wurden. Ähnlich wurde z. B. bei Ackerbohnenflocken vorgegangen, bei denen die Verdaulichkeiten der Ackerbohnensamen zugrunde gelegt oder z. B. bei frischem und siliertem Biertreber, für welche die mittleren Verdaulichkeiten der getrockneten Biertreber eingesetzt wurden.
Die Gesamtzahl der Versuchstiere und die Standardabweichungen der Verdaulichkeiten sind bei demjenigen Futtermittel aufgeführt, für das die meisten Verdauungsversuche vorliegen. Bei den anderen ist in der Spalte "Anzahl der Tiere" ein Pluszeichen (+) vermerkt.

b) Für zahlreiche andere Futtermittel wurden die fehlenden Verdaulichkeiten mit Hilfe von Regressionsgleichungen berechnet. Diese wurden aus dem bei der Dokumentationsstelle vorliegenden Datenmaterial jeweils ähnlicher oder vergleichbarer Futtermittel abgeleitet. Die so berechneten, nicht direkt durch Tierversuche abgesicherten Verdaulichkeiten sind in der Spalte "Anzahl der Tiere" durch einen Stern (*) gekennzeichnet. Der berechnete Gehalt an verdaulicher Energie ist in diesen Fällen nur mit einer Stelle hinter dem Komma angegeben.

c) Bei einigen Futtermitteln ist in der Spalte "Anzahl der Tiere" ein Strich (-) zu finden. Es handelt sich hierbei um solche Futtermittel, für die keine Verdauungsversuche - auch nicht mit annähernd identisch zusammengesetztem Material - vorliegen und bei denen die Verdaulichkeiten auch nicht mit Hilfe von Regressionsgleichungen (siehe b) abgeleitet werden konnten, z. B. Futter- und Zuckerrübenblatt (frisch und siliert). In diesen Fällen wurden die Verdaulichkeiten anhand von bedingt vergleichbaren Futtermitteln geschätzt. Die so geschätzten Verdaulichkeiten sind in der Tabelle nicht angegeben, die mit ihrer Hilfe berechneten Gehalte an verdaulichem Protein und verdaulicher Energie sind in Klammern gesetzt.

1.6 Mineralstoffe

In der vorliegenden Neuauflage der Tabelle sind die Angaben über die Mineralstoffgehalte der einzelnen Futtermittel völlig neu überarbeitet. Neben den Gehalten an Calcium und Phosphor sind zusätzlich die Gehalte an Natrium und Chlor aufgenommen.

Die Gehalte sind in g je kg Trockenmasse aufgeführt und stellen Mittelwerte dar. Die Anzahl der Einzelbefunde, die dem jeweils angegebenen Mittelwert zugrunde liegt, ist für die einzelnen Mineralstoffe zum Teil sehr unterschiedlich und nicht identisch mit der angegebenen "Anzahl der Proben", die sich nur auf die Gehalte an Rohnährstoffen bezieht. Aus Platzgründen mußte deshalb bei den Mineralstoffgehalten auf eine Angabe der Probenanzahl und der Standardabweichung verzichtet werden. Im Vergleich zu den anderen Mineralstoffen ist die Anzahl der zur Verfügung stehenden Einzelbefunde bei Chlor relativ niedrig.

Liegen für ein Futtermittel weniger als 3 Einzelbefunde vor, so ist in der Spalte des jeweiligen Mineralstoffes ein Strich (-) aufgeführt. Soweit dies im Einzelfall vertretbar erschien, wurden auch Gehalte eines annähernd identisch zusammengesetzten Futtermittels übernommen, so z. B. für Silagen von Landsberger Gemenge die Natrium- und Chlorgehalte des Grünfutters. Entsprechendes gilt für die Chlorgehalte von Luzerne- oder Rotklee-Silagen. Diese von nahezu identischen Futtermitteln übernommenen, aber in streng wissenschaftlichem Sinne nicht abgesicherten Mineralstoffgehalte sind mit einem Pluszeichen (+) hinter der Gehaltsangabe versehen.

Die Mineralstoffgehalte der Futtermittel werden von zahlreichen Faktoren beeinflußt. Neben Pflanzenart und Vegetationsstadium spielen Standort, Bodenart, Düngung und Nährstoffversorgung des Bodens sowie Be- und Verarbeitung eine entscheidende Rolle. Dies erklärt die bei den Mineralstoffgehalten festzustellende große Streuung der Einzelbefunde. Sie ist besonders groß bei dem Gehalt an Natrium. So ist insbesondere bei den Grünlandaufwüchsen und deren Konserven in Deutschland ein ausgeprägtes Nord-Südgefälle des Natriumgehalts zu beobachten. Die für Grünfutteraufwüchse und deren Konserven angegebenen mittleren Natriumgehalte der Tabelle gelten für den mittleren Teil Deutschlands. Für den küstennahen Bereich Norddeutschlands kann etwa das Doppelte, für Süddeutschland etwa die Hälfte des angegebenen Gehalts zugrunde gelegt werden.

Die für Extensiv-Weide angegebenen mittleren Mineralstoffgehalte können gleichfalls nur als Anhaltspunkte dienen. Je nach Ausgangssituation und Zeitdauer der Extensivierung ergeben sich sehr unterschiedliche Gehalte. Dies gilt insbesondere auch für den Gehalt an Phosphor.

Für die Gehalte an Spurenelementen und die auch beim Pferd relevanten fettlöslichen Vitamine wird auf die DLG-Futterwerttabellen - Mineralstoffe in Futtermitteln, 1973 und Kirchgeßner, M. Tierernährung, 1992 verwiesen.

1.7 Verdauliche Energie und verdauliches Rohprotein

Der energetische Wert der Futtermittel für Pferde wird als verdauliche Energie in Mega-Joule angegeben. Die verdauliche Energie wird aus den verdaulichen Nährstoffen (g/kg T) nach der Formel

$$DE\ (MJ/kg\ T) = DP*0{,}023 + DL*0{,}0381 + (DF+DX)*0{,}0172$$

berechnet.

Der Gehalt an verdaulichem Rohprotein wird aus dem Rohproteingehalt und der Verdaulichkeit des Rohproteins berechnet und ist in g je kg Trockenmasse angegeben.
Die Gehalte an Energie und verdaulichem Rohprotein sind in der Tabelle zur Erleichterung der Rationsberechnung zusätzlich auch je kg Frischmasse aufgeführt.

1.8 Schätzung des Gehaltes an verdaulicher Energie (DE) von Mischfutter

Sind für ein Mischfutter die Komponenten und deren Anteile nicht bekannt, so kann die verdauliche Energie dieses Futters aus Analysenergebnissen mit Hilfe der nachstehenden Gleichung (Meyer, H.; K. Bronsch und J. Leibetseder (1993): Supplemente zu Vorlesungen und Übungen in der Tierernährung, 8. Aufl., Verlag M. u. H. Schaper, Alfeld-Hannover, nach K. Schulze 1987 modifiziert) geschätzt werden, deren Genauigkeit für die meisten Fälle der Praxis ausreichen dürfte. Diese Gleichung gilt nur für Mischfutter mit einem Gehalt von max. 5 % Fett, max. 18 % Rohfaser und max. 12 % Rohasche und bezieht sich auf einen Trockenmassegehalt von etwa 88 %:

$$DE = 11{,}1 + 0{,}0034 \cdot XP + 0{,}0158 \cdot XF - 0{,}00016 \cdot XF^2 \quad (MJ, g/kg)$$

2 Empfehlungen zur Energie- und Nährstoffversorgung

Die nachfolgenden Versorgungsempfehlungen beruhen auf der Veröffentlichung der *Gesellschaft für Ernährungsphysiologie, Ausschuß für Bedarfsnormen (1994)*. Die angegebenen Werte sind nur zum Teil experimentell abgesichert, sie stellen Richtzahlen dar, deren Einhaltung sich bei Verfütterung entsprechender Rationen an Pferde bewährt hat.

Als Bewertungsmaßstab für die *Energie* wird international die "verdauliche Energie" verwendet, sie kann aus den verdaulichen Nährstoffen berechnet werden. Der *Eiweiß*bedarf und -gehalt im Futter wird als "verdauliches Rohprotein" angegeben. Essentielle Aminosäuren sind vor allem bei laktierenden Stuten und bei Fohlen zu berücksichtigen. Bei den *Mineralstoffen* wird eine (Brutto-) Empfehlung in "g/Tag" angegeben. Die Versorgung mit Calcium ist häufig unzureichend bzw. das Ca:P-Verhältnis im Futter ist zu eng. Für die *Spurenelemente* und *Vitamine* sind die Bedarfsangaben besonders unsicher, hier erfolgt die Versorgungsempfehlung als "Gehalt in der Futtertrockenmasse".

2.1 Erwachsene Sportpferde (vergl. Tabelle 1)

Unter praxisüblichen *Haltungs*bedingungen kann einschließlich der für die Gesundheit notwendigen Körperbewegung empfohlen werden, den Pferden im Erhaltungsstoffwechsel 0,6 MJ verdauliche Energie und 3 g verdauliches Rohprotein je kg Stoffwechselmasse (= kg Lebendmasse^{0,75}) zuzuführen. Unter Einbeziehung der Verwertungsraten und der endogenen Verluste ergeben sich für Calcium und Phosphor Versorgungsempfehlungen von 5 g Ca, 3 g P, 2 g Na und 8 g Cl je 100 kg Lebendmasse.

Bei Verrichtung von *Arbeit* steigt der Energieumsatz an: Je 100 kg Lebendmasse kann pro Stunde mit folgendem Energieumsatz *zusätzlich* zum Energiebedarf für die Erhaltung gerechnet werden:

Schritt	0,7 MJ verdauliche Energie
leichter Trab	2,7 MJ verdauliche Energie
mittlerer Trab	4,0 MJ verdauliche Energie
Galopp	8,1 MJ verdauliche Energie

Das entspricht etwa:

% des Energiebedarfs für die Erhaltung

leichte Arbeit*)	bis 125
mittlere Arbeit*)	125 bis 150
schwere Arbeit*)	über 150

Der Rohproteinbedarf steigt mit zunehmender Arbeit geringgradig ebenfalls an, dieser Mehrbedarf wird durch die erhöhte Futteraufnahme reichlich gedeckt. Das für die Erhaltung empfohlene Verhältnis von 5 g verdauliches Rohprotein auf 1 MJ verdauliche Energie sollte durch zusätzliche Gaben proteinreicher Futtermittel nicht erhöht werden, das würde den Stoffwechsel des Pferdes belasten.

Die Höhe einer zusätzlichen Mineralstoffzufuhr bei Arbeit ist abhängig von der gebildeten Schweißmenge und -zusammensetzung. Während die Ca- und P-Verluste gering sind, muß dem unterschiedlich hohen Kochsalzverlust durch Bereitstellung von Lecksteinen Rechnung getragen werden.

2.2 Trächtige und laktierende Stuten sowie Deckhengste (vergl. Tabelle 2)

Die in der *Trächtigkeit* zusätzlich zum Erhaltungsbedarf zuzuführenden Energie- und Nährstoffmengen können aus der Größe und Zusammensetzung des Fetus sowie der weiteren Ansätze des Muttertieres (Fruchthüllen, Uterus, Milchdrüse, Energie- und Eiweißspeicher) unter Berücksichtigung der Nährstoffverwertung errechnet werden. Die Fruchtentwicklung ist bis zum Ende des 7. Trächtigkeitsmonats unbedeutend:

		Fruchtentwicklung in % der Endmasse des neugeborenen Fohlens
bis Ende des	7. Trächtigkeitsmonats	17
im	8. Trächtigkeitsmonat	18
im	9. Trächtigkeitsmonat	19
im	10. Trächtigkeitsmonat	23
im	11. Trächtigkeitsmonat	23
		100

---

*) Die Arbeitsleistung wird hier pro Tag gerechnet.

Die in der *Laktation* zusätzlich zum Erhaltungsbedarf zuzuführenden Nährstoffmengen errechnen sich aus der Milchmenge und -zusammensetzung sowie aus der Verwertung der Nährstoffe für die Milchbildung.

Der Energie- und Eiweißbedarf von *Hengsten* ist für das Deckgeschäft geringer als gemeinhin angenommen wird.

Werden die Stuten und Hengste zur Arbeit herangezogen, dann benötigen sie zusätzlich entsprechend ihrer Leistung die bei den Sportpferden angegebenen Nährstoffmengen (vergl. Tabelle 1).

2.3 Wachsende Pferde (vergl. Tabelle 4)

Überwiegend sind für spätere hohe Leistungsfähigkeit maximale Gewichtszunahmen nicht als optimal anzusehen. Durch die Fütterung (Energiezufuhr) können die Gewichtszunahmen auf das wünschenswerte Maß eingestellt werden (vergl. Tabelle 3).

Junge Fohlen bis zum 8. Lebensmonat haben einen besonders hohen Bedarf an hochwertigem Eiweiß, bei ihnen muß deswegen ein Teil des Bedarfs an verdaulichem Rohprotein durch hochwertiges Protein gedeckt werden.

Die Nährstoff-Versorgungsempfehlungen wurden aus der Höhe und Zusammensetzung des täglichen Ansatzes unter Berücksichtigung der Nährstoffverwertung errechnet.

Die Empfehlungen für eine optimale Nährstoffzufuhr mit dem Futter bei Pferden wären unvollständig ohne den Hinweis auf einen notwendigen Gehalt von etwa 40 % langfaserigem Rauhfutter in der lufttrockenen Gesamtration.

Tabelle 1: Nährstoff-Versorgungsempfehlungen für erwachsene Sportpferde (Angaben je Tier/Tag) (nach Gesellschaft für Ernährungsphysiologie, 1994)

			Lebendmasse des erwachsenen Pferdes, kg						
		100	200	300	400	500	600	700	800
Erhaltung	verd.Energie, MJ	19	32	43	54	64	73	82	90
	verd.Rohprot. g	95	160	216	268	318	363	408	450
	Calcium, g	5	10	15	20	25	30	35	40
	Phosphor, g	3	6	9	12	15	18	21	24
	Natrium, g	2	4	6	8	10	12	14	16
	Chlor, g	8	16	24	32	40	48	56	64
Arbeit leicht	verd.Energie, MJ	19-24	32-40	43-54	54-67	64-80	73-91	82-102	90-113
	verd.Rohprot. g	95-120	160-200	215-270	270-335	320-400	365-455	410-510	450-565
	Calcium, g	5	10	16	21	26	31	36	41
	Phosphor, g	3	6	9	12	15	18	21	24
	Natrium, g	5	9	14	18	23	27	32	37
	Chlor, g	12	24	36	48	60	73	85	97
Arbeit mittel	verd.Energie, MJ	24-28	40-48	54-65	67-81	80-96	91-109	102-123	113-135
	verd.Rohprot. g	120-140	200-240	270-325	335-405	400-480	455-545	510-615	565-675
	Calcium, g	6	11	16	21	27	32	37	42
	Phosphor, g	3	6	9	12	15	18	21	24
	Natrium, g	7	14	21	29	36	43	50	57
	Chlor, g	16	33	49	65	82	98	114	130
Arbeit schwer	verd.Energie, MJ	28-38	48-64	65-86	81-107	96-127	109-145	123-163	135-180
	verd.Rohprot. g	140-190	240-320	325-430	405-535	480-635	545-725	615-815	675-900
	Calcium, g	6	11	17	23	29	34	40	46
	Phosphor, g	3	6	9	12	16	19	22	25
	Natrium, g	14	28	42	56	61	85	99	113
	Chlor, g	28	55	82	109	137	164	191	218

Tabelle 2: Nährstoff-Versorgungsempfehlungen für trächtige und laktierende Stuten sowie Hengste (Angaben je Tier/Tag) (nach Gesellschaft für Ernährungsphysiologie, 1994)

		Lebendmasse des erwachsenen Pferdes, kg							
		100	200	300	400	500	600	700	800
8. Trächtig-keits-monat	verd.Energie, MJ	23	39	53	66	79	91	102	113
	verd.Rohprot. g	130	220	305	380	450	515	585	645
9-11	verd.Energie, MJ.	25	43	59	74	88	101	114	126
	verd.Rohprot. g.	165	275	375	470	560	640	725	800
	Calcium, g	9	17	24	31	38	45	52	59
	Phosphor, g	6	11	16	21	26	30	35	39
	Natrium, g	3	5	7	9	12	14	16	18
	Chlor, g	8	16	25	33	41	49	57	65
1. Lakta-tions-monat	verd.Energie, MJ	35	59	81	100	118	135	152	168
	verd.Rohprot. g	335	560	760	945	1115	1275	1435	1585
3.	verd.Energie, MJ.	37	62	85	105	124	142	159	176
	verd.Rohprot. g.	310	520	710	875	1040	1185	1330	1470
	Calcium, g	13	25	34	43	52	61	70	78
	Phosphor, g	9	18	26	33	40	46	53	59
	Natrium, g	3	5	8	11	14	16	19	21
	Chlor, g	10	19	28	37	46	54	63	72
5.	verd.Energie, MJ	31	52	71	88	104	119	134	148
	verd.Rohprot. g	230	390	525	655	755	885	995	1100
Hengste, hohe Deck-beanspru-chung[1]	verd.Energie, MJ	29	48	65	81	96	110	123	135
	verd.Rohprot. g	160	270	370	460	560	620	700	770
	Calcium, g	6	11	16	21	27	32	37	42
	Phosphor, g	3	6	9	12	15	18	21	24
	Natrium, g	7	14	21	29	36	43	50	57
	Chlor, g	16	33	49	65	82	98	114	130

[1] Der Vitaminbedarf für Hengste ist ähnlich wie bei hochtragenden Stuten

Tabelle 3: Lebendmasse der Fohlen bei der Geburt und am Ende des jeweiligen Lebensmonats (kg)

	Lebendmasse des ausgewachsenen Pferdes (kg)							
	100	200	300	400	500	600	700	800
Geburt[1]	14,2	23,9	32,4	40,0	47,5	54,6	60,9	68,0
Lebensmonat								
2.	28	54	81	104	125	144	161	176
6.	49	96	141	184	225	264	301	336
12.	72	140	204	264	315	366	413	456
18.	84	164	240	312	380	444	504	552
24.	92	180	264	344	425	498	567	632
36.	100	196	291	384	475	564	651	736

[1] berechnet nach GÜTTE, 1972

Tabelle 4: Nährstoff-Versorgungsempfehlungen für wachsende Tiere (Angaben je Tier/Tag) (nach Gesellschaft für Ernährungsphysiologie, 1994)

Lebens-monate		Lebendmasse des erwachsenen Pferdes kg							
		100	200	300	400	500	600	700	800
3.-6.	verd. Energie, MJ	19	32	44	54	63	73	80	87
	verd. Rohprotein, g	150	270	375	475	580	680	765	855
	Calcium, g	7	14	21	27	34	40	46	52
	Phosphor, g	5	10	15	19	24	28	33	37
	Natrium, g	1	2	3	4	5	6	7	7
	Chlor, g	3	6	9	12	15	18	20	22
7.-12.	verd. Energie, MJ	20	34	46	57	66	74	80	86
	verd. Rohprotein, g	155	280	380	475	540	610	670	725
	Calcium, g	7	13	19	24	28	32	35	38
	Phosphor, g	4	8	12	16	19	21	23	25
	Natrium, g	2	3	4	5	6	7	8	9
	Chlor, g	5	10	14	18	22	26	30	33
13.-18.	verd. Energie, MJ	21	36	48	59	68	77	85	91
	verd. Rohprotein, g	130	230	315	400	485	560	630	670
	Calcium, g	6	11	16	21	26	31	35	38
	Phosphor, g	4	7	11	14	18	21	24	26
	Natrium, g	2	3	5	6	8	9	10	11
	Chlor, g	6	12	17	23	28	33	37	41
19.-24.	verd. Energie, MJ	22	36	48	59	70	79	88	96
	verd. Rohprotein, g	125	215	290	360	445	505	570	645
	Calcium, g	6	11	16	21	26	31	36	41
	Phosphor, g	4	7	10	13	17	20	23	26
	Natrium, g	2	4	6	7	9	10	12	13
	Chlor, g	7	14	20	26	32	38	43	48
25.-36.	verd. Energie, MJ	23	38	51	63	74	84	94	103
	verd. Rohprotein, g	120	205	280	350	415	485	560	615
	Calcium, g	6	11	16	21	26	31	36	41
	Phosphor, g	4	7	10	13	17	20	23	26
	Natrium, g	2	4	6	7	9	11	13	14
	Chlor, g	8	15	21	29	36	43	49	55

2.4 Mineralstoffe und Spurenelemente

Bezüglich der *Mineralstoffe* ist anzumerken, daß neben Calcium und Phosphor sowie Kochsalz (NaCl) auch Magnesium und Kalium benötigt werden. Die Deckung des Bedarfs an Magnesium und Kalium ist unter praktischen Fütterungsverhältnissen jedoch nicht kritisch.

Die Empfehlungen zur *Spurenelementversorgung* beruhen nur zu einem sehr kleinen Teil auf direkten Untersuchungen am Pferd. Überwiegend basieren sie auf Analysenwerten bewährter Rationen und auf Analogieschlüssen aus dem Bedarf anderer Tierarten. Nach der Gesellschaft für Ernährungsphysiologie (1994) können die in Tabelle 5 aufgeführten Empfehlungen für Fohlen, Zuchtstuten und Reit- bzw. Rennpferde gegeben werden.

Tabelle 5: Spurenelement-Versorgungsempfehlungen (Angaben in mg/kg Futtertrockenmasse)

Eisen	80^1
Kupfer	10
Zink	50
Mangan	40
Kobalt	0,05 bis 0,1
Selen	0,15 bis 0,2
Jod	0,1 bis 0,2

^{1}Für Fohlen und Stuten bis 100 mg/kg Futtertrockenmasse

2.5 Vitamine

Ähnlich unsicher sind die Empfehlungen zur *Vitaminversorgung*. Meßbare Leistungskriterien, die eine geringgradige Mangel- oder Überversorgung anzeigen könnten, sind beim Pferd kaum vorhanden, die intestinale und intermediäre Vitaminsynthese ist variabel und der Menge nach unbekannt.

Die Gesellschaft für Ernährungsphysiologie (1994) empfiehlt unter Auswertung des zu diesem Thema spärlichen Schrifttums die in Tabelle 6 angegebenen Werte:

Tabelle 6: Vitamin-Versorgungsempfehlungen

		Erhaltung und Muskelarbeit	Reproduktion	Wachstum
Vitamin A	IE/kg LM	75	100-150	150-200
Vitamin D	IE/kg LM	5-10	15	15-20
Vitamin E	mg/kg LM	1-2[1]	1	1
Vitamin B_1	mg/kg T	3[2]	3	3
Vitamin B_2	mg/kg T	2,5	2,5	2,5
Biotin	mg/kg T	0,05	0,2	0,1

[1] Hochleistungspferde bis 4 mg/kg LM
[2] Hochleistungspferde bis 5 mg/kg T

2.6 Trockenmasseaufnahme

Bedarfsangaben für Spurenelemente und zum Teil für Vitamine, die bisher nur empirisch ermittelt wurden, beziehen sich in der Regel auf die Gehalte pro kg Futtertrockensubstanz. Sie wurden auf eine mittlere Trockenmasseaufnahme von zwei Prozent der Lebendmasse berechnet. Mit welcher durchschnittlichen Trockenmasseaufnahme von Pferden in verschiedenen Alters- und Leistungsstufen im Einzelfall zu rechnen ist, kann aus Tabelle 7 entnommen werden. Hiernach nimmt z. B. ein ausgewachsenes Pferd mit 600 kg LM zur Erhaltung durchschnittlich täglich rd. 7,2 kg Futtertrockenmasse auf.

Bei der Zusammenstellung von Rationen für Pferde ist zu beachten, daß bei einigen Komponenten (Anteile im Mischfutter bzw. täglich verabreichte Mengen) die in den Tabellen 8 und 9 angegebenen Grenzwerte nicht überschritten werden.

Tabelle 7: Mittlere Aufnahme an Futtertrockensubstanz von Pferden (Angaben in % der Lebendmasse) (nach Gesellschaft für Ernährungsphysiologie, 1994)

LM ausge-wachsen kg	Erhaltung	Arbeit	Gravidität 10./11. Monat	Laktation	Wachstum 3.-6.	Wachstum 7.-12. Monat	Wachstum 13.-24.
200	1,3-1,6	1,8-2,9	1,9-2,1	2,4-3,0	2,8-3,2	2,6-3,0	2,1-2,5
400	1,2-1,4	1,5-2,4	1,6-1,8	2,0-2,5	2,0-2,5	1,8-2,2	1,6-1,8
600	1,1-1,3	1,4-2,2	1,4-1,6	1,8-2,3	1,9-2,2	1,8-2,0	1,5-1,7
800	1,0-1,2	1,3-2,0	1,3-1,5	1,7-2,1	1,6-1,8	1,6-1,8	1,3-1,5

Tabelle 8: Empfohlene Höchstmengen einiger Komponenten für erwachsene Pferde (Helfferich und Gütte, 1972, modifiziert)

Höchstanteil in % des luftrockenen Krippenfutters			
Haferkörner	90	Futterzucker	20
Gerstekörner	30	Haferschalen	10
Weizenkörner	20	Sojaextraktionsschrot	15
Roggenkörner	10	Leinsaatrückstände	10
Maiskörner	50	Sonnenblumensaatrückstände	20
Maniok	20	Rapsextraktionsschrot	50
Ackerbohnen	10	Trockenhefe	5
Leinsamen, gekocht	10	Fischmehl	10
Weizenkleie	10-20	Vollmilch-, Magermilchpulver	25[3]
Malzkeime	5-10[1]	Buttermilch-, Molkenpulver	5
Zuckerrübenvollschnitzel	30	Soja-, Erdnuß-, Leinöl	10[4]
Trockenschnitzel	10[2]	Tierische Fette	10[4]
Melasse	20		

[1] Nicht für Hochleistungspferde.
[2] Risiko für Schlundverstopfungen.
[3] Für Fohlen.
[4] Fette insgesamt 15-20%.

Tabelle 9: Empfohlene Höchstmengen an Saft- und Rauhfutter für Leistungspferde (Lebendgewicht 500 kg, nach Helfferich und Gütte, 1972, modifiziert)

Futtermittel	Höchstmenge kg/Tag	Futtermittel	Höchstmenge kg/Tag
Weide- und Wiesengras,	20-70[1]	Futterstroh, vorzüglich	4-6
Futtergetreide, grün	30	Futterrüben	25
Luzerne, Klee, grün	15-25	Zuckerrüben	15
Grassilage, angewelkt	10-15	Futtermöhren	10
Rübenblattsilage	10	Kartoffeln, gedämpft oder siliert	15
Wiesenheu	beliebig	Naßschnitzel	8
Luzerne-, Kleeheu	5	Vollmilch, Magermilch, Buttermilch	15
Maissilage	12-18	Molke	5
Maiskolbensilage	5-10[2]		

[1] Je nach Alter.
[2] Je nach Stärkegehalt.

3 Literatur zur Fütterungspraxis

Ahlswede, Lutz: Handbuch Pferd: Zucht, Haltung, Ausbildung, Sport, Medizin, Recht - 3. Aufl. - München; BLV-Verlag, 1990.

Empfehlungen zur Energie- und Nährstoffversorgung der Pferde/ Ausschuss für Bedarfsnormen der Gesellschaft für Ernährungsphysiologie. - Frankfurt (Main): DLG-Verlag, 1994 (Energie- und Nährstoffbedarf landwirtschaftlicher Nutztiere; Nr. 2).

Meyer, Helmut: Pferdefütterung - Berlin; Hamburg; Parey, 1994.

Kirchgeßner, Manfred: Tierernährung - 8. Aufl. - Frankfurt (Main); DLG-Verlag, 1992.

Schwarz, F.J. und M. Kirchgeßner (1979): Spurenelementbedarf und -versorgung in der Pferdefütterung. Übers.Tierernährung 7, 257-278.

4 Futterwerttabelle

(1) Grünfutter, Wurzeln, Knollen usw., frisch

(2) Silagen

(3) Heu, Spreu und Stroh

(4) Handels- und andere Futtermittel

Grünfutter, Wurzeln, Knollen usw., frisch (1)	n	T g	je kg Trockenmasse					
			XA g	OM g	XP g	XL g	XF g	XX g
Apfel, Frucht *Malus sylvestris*	25	150	20 *5*	980 *5*	21 *9*	15 *7*	58 *18*	886 *26*
Biertreber	99	240	47 *12*	953 *12*	249 *30*	78 *20*	183 *29*	443 *36*
Erbse (Futtererbse) *Pisum sativum ssp. arvense*								
— Beginn bis Mitte der Blüte	9	150	105 *38*	895 *38*	174 *26*	30 *9*	243 *24*	448 *31*
— Ende der Blüte bis Samenbildung	9	180	95 *21*	905 *21*	174 *47*	36 *7*	311 *11*	384 *62*
Esparsette *Onobrychis viciifolia*								
— 1. Aufwuchs, in der Knospe	5	160	70 *7*	930 *7*	266 *23*	22 *4*	201 *9*	441 *30*
— 1. Aufwuchs, Ende der Blüte bis Samenbildung	4	230	61 *9*	939 *9*	193 *13*	22 *7*	313 *27*	411 *23*
Futterrübe (gehaltvolle), Blätter *Beta vulgaris var. crassa*	7	160	178 *14*	822 *14*	164 *25*	23 *9*	124 *18*	511 *28*
Futterrübe (gehaltvolle), Rübe	148	150	97 *40*	903 *40*	85 *25*	8 *7*	66 *13*	744 *58*
Futterrübe (Massenrübe), Rübe	91	120	118 *36*	882 *36*	94 *27*	9 *8*	79 *25*	700 *66*
Gerste *Hordeum vulgare*								
— vor bis im Ährenschieben	44	170	148 *69*	852 *69*	185 *58*	47 *10*	221 *29*	399 *83*
— in bis Ende der Blüte	35	230	114 *51*	886 *51*	119 *32*	30 *12*	298 *19*	439 *60*
Hafer *Avena sativa*								
— vor bis im Rispenschieben	46	170	101 *31*	899 *31*	151 *61*	41 *11*	214 *29*	493 *102*
— in bis Ende der Blüte	67	220	89 *29*	911 *29*	99 *37*	33 *10*	302 *28*	477 *62*
— in der Teigreife, Körneranteil ca. 33 %	25	300	72 *16*	928 *16*	78 *19*	30 *6*	306 *25*	514 *39*
— in der Teigreife, Körneranteil ca. 50 %	10	400	64 *8*	936 *8*	84 *7*	40 *6*	257 *14*	555 *22*

n	Verdaulichkeit					je kg Trockenmasse						je kg FM	
	dO %	dP %	dL %	dF %	dX %	DP g	DE MJ	Ca g	P g	Na g	Cl g	DP g	DE MJ
*	85	64	24	49	89	13	14.5	0.7	0.8	0.1	—	2	2.2
+	47	71	49	21	43	177	9.46	3.4	6.1	0.3	0.4	42	2.27
*	63	69	26	49	70	121	10.6	11.5	4.0	0.6	—	18	1.6
*	55	69	11	42	62	120	9.3	13.0	3.8	0.6	—	22	1.7
*	66	75	23	42	73	200	11.8	12.5	3.0	1.1	2.6	32	1.9
*	56	70	0	38	66	135	9.8	12.5	3.0	1.1	2.6	31	2.3
—	—	—	—	—	—	(123)	(10.8)	19.1	2.5	5.9	14.9	(20)	(1.7)
5	85	67 29	0	85	88 4	57	13.53	2.4	2.5	3.9	9.4	9	2.03
+	85	67	0	85	88	63	13.18	2.6	2.7	3.2	10.8	8	1.58
*	64	72	38	54	68	134	10.5	4.3	3.2	—	—	23	1.8
*	56	59	31	45	64	70	9.1	4.3	2.0	—	—	16	2.1
*	67	72	37	64	70	108	11.4	3.9	2.9	1.0	12.9	18	1.9
3	60	73 5	30 8	49 3	66 4	72	9.98	3.9	2.3	1.0	12.9	16	2.19
*	54	52	35	51	58	41	9.1	4.7+	2.9+	0.1	—	12	2.7
*	59	57	38	59	60	48	10.0	4.7+	2.9+	0.1	—	19	4.0

Grünfutter, Wurzeln, Knollen usw., frisch (1)	n	T g	je kg Trockenmasse					
			XA g	OM g	XP g	XL g	XF g	XX g
Hefe, Bierhefe *Saccharomyces cerevisiae*								
— frisch	7	150	82 *15*	918 *15*	525 *27*	31 *23*	17 *17*	345 *46*
Kartoffel, Knolle *Solanum tuberosum*	304	220	62 *21*	938 *21*	97 *19*	4 *3*	27 *6*	810 *30*
— gedämpft	291	220	68 *23*	932 *23*	98 *17*	6 *5*	28 *11*	800 *32*
Kohl, Kraut *Brassica oleracea var. viridis*	34	120	102 *29*	898 *29*	177 *42*	22 *14*	116 *32*	583 *77*
Kohlrübe, Blätter *Brassica napus var. napobrassica*	8	130	161 *56*	839 *56*	212 *87*	30 *9*	131 *17*	466 *63*
Kohlrübe, Rübe	32	110	85 *36*	915 *36*	112 *36*	8 *5*	106 *26*	689 *86*
Landsberger Gemenge								
— vor der Blüte	3	150	111 *17*	889 *17*	172 *66*	29 *5*	203 *42*	485 *83*
— Beginn bis Mitte der Blüte	18	160	103 *22*	897 *22*	157 *38*	28 *9*	267 *19*	445 *44*
— Ende der Blüte	10	180	76 *11*	924 *11*	134 *26*	20 *3*	337 *13*	433 *45*
Lupine, gelb, süß *Lupinus luteus*								
— Ende der Blüte bis Samenbildung	8	170	102 *43*	898 *43*	154 *17*	26 *4*	353 *41*	365 *37*
Luzerne *Medicago sativa*								
— 1. Aufwuchs, vor der Knospe	40	150	112 *18*	888 *18*	243 *36*	31 *8*	195 *30*	419 *38*
— 1. Aufwuchs, in der Knospe	88	170	111 *17*	889 *17*	213 *27*	30 *6*	257 *16*	389 *27*
— 1. Aufwuchs, Beginn bis Mitte der Blüte	132	200	109 *14*	891 *14*	174 *21*	28 *5*	296 *13*	393 *24*
— 1. Aufwuchs, Ende der Blüte	95	230	101 *16*	899 *16*	172 *17*	28 *7*	340 *24*	359 *26*
— 2. und folgende Aufwüchse, vor der Knospe	24	160	107 *20*	893 *20*	252 *33*	40 *17*	202 *34*	399 *35*
— 2. und folgende Aufwüchse, in der Knospe	36	180	105 *32*	895 *32*	210 *27*	31 *9*	264 *18*	390 *38*
— 2. und folgende Aufwüchse, Beginn bis Mitte der Blüte	19	210	108 *28*	892 *28*	191 *25*	31 *8*	310 *33*	360 *27*

n	Verdaulichkeit					je kg Trockenmasse						je kg FM	
	dO %	dP %	dL %	dF %	dX %	DP g	DE MJ	Ca g	P g	Na g	Cl g	DP g	DE MJ
*	78	85	44	37	72	446	15.2	3.1	16.3	1.5	2.1	67	2.3
+	88	70	0	60	91	68	14.49	0.4	2.5	0.3	2.9	15	3.19
+	87	70	0	60	91	69	14.36	0.5	2.5	0.3	2.9	15	3.16
*	69	81	54	24	76	143	11.8	7.1	3.3	2.5	11.7	17	1.4
*	68	80	66	28	74	170	11.2	23.8	3.8	1.9	17.2	22	1.5
2	76	88	0	0	87	98	12.49	5.0	3.5	1.6	5.5	11	1.37
*	72	73	40	59	78	126	11.9	10.5	3.5	0.5	5.1	19	1.8
*	60	66	24	47	69	104	10.0	10.5	3.5	0.5	5.1	17	1.6
*	55	63	17	42	64	84	9.3	10.5	2.9	0.5	5.1	15	1.7
*	52	66	17	38	62	101	8.6	9.4	2.6	—	—	17	1.5
+	67	74	41	48	74	180	11.55	18.9	4.2	0.6	5.9	27	1.73
+	62	73	24	45	70	155	10.51	18.9	3.0	0.6	5.9	26	1.79
+	59	71	17	44	69	124	9.92	18.9	2.8	0.6	5.9	25	1.98
+	53	64	10	44	60	110	8.91	18.9	2.6	0.6	5.9	25	2.05
+	66	80	13	38	76	202	11.36	17.9	3.9	0.6	5.9	32	1.82
+	58	71	6	37	70	149	9.87	17.9	3.2	0.6	5.9	27	1.78
+	53	68	0	33	67	130	8.89	17.9	2.7	0.6	5.9	27	1.87

Grünfutter, Wurzeln, Knollen usw., frisch (1)	n	T g	je kg Trockenmasse					
			XA g	OM g	XP g	XL g	XF g	XX g
Luzerne/Gras-Gemenge								
— 1. Aufwuchs, vor der Knospe	9	160	125	875	227	78	197	373
			21	*21*	*44*	*5*	*19*	*42*
— 1. Aufwuchs, in der Knospe	8	170	103	897	188	69	244	396
			14	*14*	*45*	*5*	*6*	*57*
— 1. Aufwuchs, Beginn bis Mitte der Blüte	8	200	108	892	155	37	289	411
			17	*17*	*20*	*10*	*14*	*27*
— 1. Aufwuchs, Ende der Blüte	21	240	95	905	131	30	348	396
			12	*12*	*27*	*7*	*24*	*26*
— 2. und folgende Aufwüchse, vor der Knospe	26	170	121	879	218	42	203	416
			14	*14*	*35*	*8*	*19*	*29*
— 2. und folgende Aufwüchse, in der Knospe	32	190	112	888	199	46	246	397
			13	*13*	*20*	*6*	*13*	*21*
— 2. und folgende Aufwüchse, Beginn bis Mitte der Blüte	38	220	109	891	168	28	317	378
			15	*15*	*32*	*9*	*31*	*24*
Mais *Zea mays*								
— Beginn der Kolbenbildung	80	170	66	934	101	23	261	549
			17	*17*	*16*	*8*	*32*	*43*
— in der Milchreife, Kolbenanteil niedrig (< 25 %)	57	200	62	938	85	23	262	568
			14	*14*	*15*	*10*	*18*	*34*
— in der Milchreife, Kolbenanteil mittel (25-35 %)	69	210	53	947	89	23	226	609
			8	*8*	*7*	*6*	*9*	*15*
— in der Milchreife, Kolbenanteil hoch (> 35 %)	72	230	54	946	92	27	196	631
			12	*12*	*12*	*5*	*14*	*19*
— Beginn der Teigreife, Kolbenanteil niedrig (< 35 %)	40	250	53	947	79	24	247	597
			13	*13*	*18*	*9*	*24*	*30*
— Beginn der Teigreife, Kolbenanteil mittel (35-45 %)	61	270	49	951	88	28	205	630
			9	*9*	*11*	*6*	*9*	*19*
— Beginn der Teigreife, Kolbenanteil hoch (> 45 %)	25	290	46	954	90	29	175	660
			8	*8*	*14*	*4*	*9*	*19*
— Ende der Teigreife, Kolbenanteil niedrig (< 45 %)	26	320	49	951	77	28	234	612
			10	*10*	*18*	*8*	*26*	*36*
— Ende der Teigreife, Kolbenanteil mittel (45-55 %)	36	350	47	953	83	31	193	646
			10	*10*	*11*	*7*	*9*	*23*
— Ende der Teigreife, Kolbenanteil hoch (> 55 %)	13	380	42	958	83	30	174	671
			8	*8*	*10*	*5*	*4*	*13*
Mohrrübe, Wurzel *Daucus carota ssp. sativus*	23	110	123	877	93	16	92	676
			90	*90*	*33*	*10*	*21*	*99*
Naßschnitzel	9	160	72	928	98	7	210	613
			37	*37*	*14*	*5*	*23*	*55*
Obsttrester (Apfel) *Malus sylvestris*	22	220	29	971	67	40	218	646
			16	*16*	*11*	*20*	*35*	*48*

n	Verdaulichkeit					je kg Trockenmasse						je kg FM	
	dO %	dP %	dL %	dF %	dX %	DP g	DE MJ	Ca g	P g	Na g	Cl g	DP g	DE MJ
–	—	—	—	—	—	(175)	(12.0)	12.5+	4.2+	0.8+	7.4+	(28)	(1.9)
–	—	—	—	—	—	(139)	(10.9)	12.4+	3.5+	0.8+	7.4+	(24)	(1.9)
2	59	71	0	44	69	110	9.61	12.3+	3.2+	0.8+	7.4+	22	1.92
–	—	—	—	—	—	(86)	(8.9)	12.3+	3.0+	0.8+	7.4+	(21)	(2.1)
4	66	80 / 3	0	47 / 5	74 / 8	175	10.95	12.0+	3.9+	0.8+	7.4+	30	1.86
–	—	—	—	—	—	(143)	(10.0)	12.0+	3.4+	0.8+	7.4+	(27)	(1.9)
–	—	—	—	—	—	(111)	(8.5)	12.0+	3.0+	0.8+	7.4+	(24)	(1.9)
–	—	—	—	—	—	(64)	(10.1)	5.1	2.7	0.2	5.7	(11)	(1.7)
–	—	—	—	—	—	(55)	(10.3)	3.6	2.6	0.2	5.7	(11)	(2.1)
6	65	65 / 4	28 / 7	59 / 1	69 / 1	57	11.00	3.6	2.6	0.2	5.7	12	2.31
–	—	—	—	—	—	(60)	(11.9)	3.6	2.6	0.2	5.7	(14)	(2.7)
–	—	—	—	—	—	(45)	(10.3)	3.3	2.5	0.2	5.7	(11)	(2.6)
–	—	—	—	—	—	(57)	(11.5)	3.3	2.5	0.2	5.7	(15)	(3.1)
+	73	72	47	59	78	65	12.61	3.3	2.5	0.2	5.7	19	3.66
+	62	57	55	63	63	44	10.75	3.2	2.4	0.2	5.7	14	3.44
–	—	—	—	—	—	(52)	(12.0)	3.2	2.4	0.2	5.7	(18)	(4.2)
+	75	68	61	67	79	56	13.10	3.2	2.4	0.2	5.7	21	4.98
8	96	87 / 10	50 / 22	95 / 5	99 / 2	81	15.12	3.8	3.0	2.9	—	9	1.66
+	79	57	0	69	87	56	12.93	6.6	1.2	2.4	1.2	9	2.07
+	50	49	0	43	56	33	8.58	1.9	1.5	0.2	—	7	1.89

Grünfutter, Wurzeln, Knollen usw., frisch (1)	n	T g	XA g	OM g	XP g	XL g	XF g	XX g
				je kg Trockenmasse				
Roggen *Secale cereale*								
— vor bis im Ährenschieben	85	170	96	904	166	37	257	444
			33	*33*	*54*	*8*	*41*	*59*
— in bis Ende der Blüte	61	230	81	919	123	32	338	426
			20	*20*	*27*	*6*	*28*	*45*
Rote Rübe, Rübe *Beta vulgaris var. conditiva*	4	140	71	929	104	10	51	764
			36	*36*	*30*		*10*	*7*
Rotklee *Trifolium pratense*								
— 1. Aufwuchs, vor der Knospe	91	140	103	897	228	40	151	478
			9	*9*	*29*	*6*	*18*	*29*
— 1. Aufwuchs, in der Knospe	75	160	98	902	186	35	206	475
			15	*15*	*24*	*7*	*15*	*31*
— 1. Aufwuchs, Beginn bis Mitte der Blüte	84	220	91	909	162	29	253	465
			16	*16*	*23*	*7*	*12*	*35*
— 1. Aufwuchs, Ende der Blüte	41	235	87	913	147	28	298	440
			15	*15*	*22*	*8*	*24*	*40*
— 2. und folgende Aufwüchse, vor der Knospe	71	150	105	895	223	39	177	456
			12	*12*	*22*	*6*	*17*	*30*
— 2. und folgende Aufwüchse, in der Knospe	52	180	99	901	201	36	220	444
			17	*17*	*24*	*6*	*12*	*35*
— 2. und folgende Aufwüchse, Beginn bis Mitte der Blüte	63	220	89	911	177	34	281	419
			17	*17*	*24*	*8*	*29*	*37*
Rotklee/Gras-Gemenge								
— 1. Aufwuchs, vor der Knospe	7	150	97	903	187	34	207	475
			8	*8*	*20*	*6*	*14*	*21*
— 1. Aufwuchs, in der Knospe	14	170	95	905	161	31	240	473
			21	*21*	*34*	*11*	*6*	*55*
— 1. Aufwuchs, Beginn bis Mitte der Blüte	23	200	83	917	132	26	277	482
			18	*18*	*32*	*10*	*16*	*43*
— 1. Aufwuchs, Ende der Blüte	23	240	92	908	128	26	311	443
			28	*28*	*21*	*7*	*15*	*36*
— 2. und folgende Aufwüchse, in der Knospe	3	190	118	882	192	33	237	420
			21	*21*	*38*	*9*	*16*	*59*
— 2. und folgende Aufwüchse, Beginn bis Mitte der Blüte	3	240	87	913	150	31	288	444
			7	*7*	*11*	*2*	*23*	*40*
Schlempe (Kartoffel)	33	56	134	866	306	17	72	471
			32	*32*	*49*	*16*	*26*	*74*

	Verdaulichkeit					je kg Trockenmasse						je kg FM	
n	dO %	dP %	dL %	dF %	dX %	DP g	DE MJ	Ca g	P g	Na g	Cl g	DP g	DE MJ
*	60	69	21	51	66	115	10.2	4.7	3.5	0.8	—	20	1.7
3	55	74	33	47	59	91	9.51	3.9	3.4	0.8	—	21	2.19
		5	5	12	6								
+	85	67	37	85	88	70	14.03	1.9	2.6	3.1	7.3+	10	1.96
*	78	80	49	75	80	182	13.5	16.2	4.2+	0.5	7.1	26	1.9
*	70	75	33	60	74	140	11.8	16.2	3.1	0.5	7.1	22	1.9
*	62	68	23	50	69	110	10.5	16.2	2.7	0.5	7.1	24	2.3
*	57	65	18	45	66	95	9.7	16.2	2.4	0.5	7.1	22	2.3
*	75	82	40	64	79	182	12.9	16.8	3.7	0.5	7.1	27	1.9
*	65	74	26	53	70	150	11.2	16.8	3.0	0.5	7.1	27	2.0
1	61	63	9	57	67	112	10.25	16.8	2.8	0.5	7.1	25	2.26
-	—	—	—	—	—	(146)	(12.4)	12.9	3.9	0.8+	8.0+	(22)	(1.9)
-	—	—	—	—	—	(119)	(11.4)	12.9	3.5	0.8+	8.0+	(20)	(1.9)
-	—	—	—	—	—	(92)	(10.6)	12.8+	3.3	0.8+	8.0+	(18)	(2.1)
-	—	—	—	—	—	(86)	(9.6)	12.8	3.2+	0.8+	8.0+	(21)	(2.3)
-	—	—	—	—	—	(142)	(10.2)	13.2	3.4+	0.8+	8.0+	(27)	(1.9)
-	—	—	—	—	—	(96)	(8.5)	13.2+	3.0	0.8+	8.0+	(23)	(2.0)
2	90	77	99	85	99	235	15.12	2.5	7.4	0.4	—	13	0.85

Grünfutter, Wurzeln, Knollen usw., frisch (1)	n	T g	je kg Trockenmasse					
			XA g	OM g	XP g	XL g	XF g	XX g
Sonnenblume *Helianthus annuus*								
— vor der Blüte	5	110	162	838	159	36	145	498
			14	*14*	*36*	*12*	*9*	*38*
— in der Blüte	15	120	154	846	146	28	210	462
			39	*39*	*44*	*8*	*24*	*72*
— Ende der Blüte	12	140	151	849	102	23	301	423
			29	*29*	*33*	*8*	*47*	*35*
Stoppelrübe, Rübe *Brassica rapa var. rapa*								
— ohne Blätter	180	90	133	867	142	14	120	591
			39	*39*	*26*	*7*	*31*	*65*
Topinambur, Knolle *Helianthus tuberosus*	33	220	59	941	92	8	41	800
			13	*13*	*24*	*6*	*9*	*27*
Weide (extensiv)**)								
— 1. Aufwuchs, vor dem Ähren-/ Rispenschieben	30	170	103	897	151	31	209	506
			27	*27*	*21*	*9*	*14*	*36*
— 1. Aufwuchs, im Ähren-/ Rispenschieben	119	190	86	914	124	30	247	513
			31	*31*	*21*	*6*	*15*	*35*
— 1. Aufwuchs, Beginn bis Mitte der Blüte	133	220	78	922	112	30	283	497
			18	*18*	*14*	*5*	*9*	*26*
— 1. Aufwuchs, Ende der Blüte	59	240	78	922	98	28	311	485
			16	*16*	*10*	*5*	*8*	*21*
— 1. Aufwuchs, überständig	15	280	81	919	94	24	340	461
			16	*16*	*13*	*5*	*14*	*24*
— 2. und folgende Aufwüchse, unter 4 Wochen	12	170	111	889	149	39	208	493
			26	*26*	*21*	*6*	*12*	*30*
— 2. und folgende Aufwüchse, 4-6 Wochen	52	200	103	897	131	37	246	483
			24	*24*	*17*	*7*	*12*	*30*
— 2. und folgende Aufwüchse, über 6 Wochen	76	230	95	905	113	33	289	470
			21	*21*	*17*	*7*	*23*	*31*
Weide (Intensiv-/Mähweide)*)								
— 1. Aufwuchs, vor dem Ähren-/ Rispenschieben	71	160	106	894	241	41	188	424
			25	*25*	*34*	*12*	*26*	*46*
— 1. Aufwuchs, im Ähren-/ Rispenschieben	75	180	103	897	208	44	239	406
			27	*26*	*30*	*12*	*13*	*47*
— 1. Aufwuchs, Beginn bis Mitte der Blüte	29	220	106	894	175	40	268	411
			22	*22*	*25*	*12*	*9*	*36*

**) Je nach Ausgangssituation und Zeitdauer der Extensivierung ergeben sich sehr unterschiedliche Mineralstoffgehalte. Die angegebenen Mittelwerte können daher nur als Anhaltspunkt dienen.

*) Die angegebenen Natriumgehalte gelten für die Mitte Deutschlands. Für Norddeutschland kann etwa das Doppelte, für Süddeutschland kann etwa die Hälfte zugrunde gelegt werden.

	Verdaulichkeit					je kg Trockenmasse						je kg FM	
n	dO %	dP %	dL %	dF %	dX %	DP g	DE MJ	Ca g	P g	Na g	Cl g	DP g	DE MJ
*	71	73	71	46	78	116	11.5	16.0	2.5	0.4	8.2	13	1.3
*	61	69	26	44	69	100	9.6	16.0	2.5	0.4	8.2	12	1.2
*	55	52	46	39	67	53	8.5	16.0	2.5+	0.4	8.2	7	1.2
4	74	89 14	99	78 37	69 21	126	12.07	6.2	5.3	3.0	—	11	1.09
1	94	81	0	90	96	74	15.55	1.4	2.5	—	—	16	3.42
+	73	78	29	74	74	118	12.14	10.0	4.3	1.0	8.9	20	2.06
+	68	74	25	58	73	92	11.29	10.0	3.9	1.0	8.9	17	2.14
+	62	70	36	54	67	78	10.56	10.0	3.6	1.0	8.9	17	2.32
+	57	67	30	51	61	66	9.63	10.0	3.4	1.0	8.9	16	2.31
*	52	55	30	44	59	52	8.7	10.0	3.1	1.0	8.9	14	2.4
+	64	76	43	57	65	113	10.78	10.5	3.9	1.0	8.9	19	1.83
+	59	74	48	44	63	97	9.99	10.5	3.6	1.0	8.9	19	2.00
+	50	64	5	37	58	72	8.24	10.5	3.3	1.0	8.9	17	1.90
3	73	78 1	29 23	74 5	74 1	188	12.59	6.2	4.3	1.0	8.9	30	2.01
6	67	74 6	25 24	58 6	73 4	154	11.46	6.0	3.9	1.0	8.9	28	2.06
7	62	70 5	36 8	54 5	67 4	122	10.59	5.8	3.6	1.0	8.9	27	2.33

Grünfutter, Wurzeln, Knollen usw., frisch (1)	n	T g	je kg Trockenmasse					
			XA g	OM g	XP g	XL g	XF g	XX g
— 1. Aufwuchs, Ende der Blüte	18	240	107	893	159	40	302	392
			32	*32*	*28*	*10*	*14*	*42*
— 2. und folgende Aufwüchse, unter 4 Wochen	33	160	108	892	230	39	203	420
			22	*22*	*35*	*9*	*17*	*40*
— 2. und folgende Aufwüchse, 4-6 Wochen	87	180	105	895	228	49	242	376
			18	*18*	*33*	*10*	*11*	*38*
— 2. und folgende Aufwüchse, über 6 Wochen	90	200	105	895	191	47	276	381
			18	*18*	*27*	*7*	*14*	*37*
Weidelgras, deutsches *Lolium perenne*								
— 1. Aufwuchs, vor dem Ährenschieben	5	160	102	898	195	41	192	470
			8	*8*	*39*	*6*	*7*	*48*
— 1. Aufwuchs, im Ährenschieben	6	180	111	889	181	37	220	451
			27	*27*	*56*	*10*	*9*	*74*
— 1. Aufwuchs, Beginn bis Mitte der Blüte	4	210	97	903	135	31	261	476
			36	*36*	*14*	*10*	*9*	*43*
— 1. Aufwuchs, Ende der Blüte	10	230	107	893	125	22	331	415
			30	*30*	*24*	*5*	*36*	*70*
— 2. und folgende Aufwüchse, unter 4 Wochen	3	190	125	875	175	33	195	472
			28	*28*	*19*	*5*	*4*	*41*
— 2. und folgende Aufwüchse, 4-6 Wochen	26	220	102	898	150	38	232	478
			15	*15*	*32*	*9*	*5*	*35*
— 2. und folgende Aufwüchse, über 6 Wochen	41	250	116	884	144	27	299	414
			22	*22*	*33*	*7*	*32*	*49*
Weidelgras, welsches *Lolium multiflorum*								
— 1. Aufwuchs, vor dem Ährenschieben	32	160	110	890	152	35	204	499
			26	*26*	*42*	*11*	*11*	*68*
— 1. Aufwuchs, im Ährenschieben	32	180	119	881	165	37	241	438
			23	*23*	*45*	*4*	*14*	*55*
— 1. Aufwuchs, Beginn bis Mitte der Blüte	26	210	102	898	132	30	271	465
			22	*22*	*34*	*3*	*9*	*44*
— 1. Aufwuchs, Ende der Blüte	21	250	106	894	116	25	317	436
			16	*16*	*31*	*4*	*18*	*44*
— 2. und folgende Aufwüchse, 4-6 Wochen	8	210	142	858	176	37	234	411
			22	*22*	*47*	*4*	*9*	*61*
— 2. und folgende Aufwüchse, über 6 Wochen	13	240	124	876	159	34	278	405
			22	*22*	*44*	*6*	*19*	*59*
Weißklee *Trifolium repens*								
— 1. Aufwuchs, vor der Knospe	13	120	106	894	250	28	146	470
			11	*11*	*31*	*8*	*32*	*28*
— 1. Aufwuchs, in der Knospe	3	130	118	882	233	26	191	432
			28	*28*	*20*	*8*	*16*	*2*

n	Verdaulichkeit					je kg Trockenmasse						je kg FM	
	dO %	dP %	dL %	dF %	dX %	DP g	DE MJ	Ca g	P g	Na g	Cl g	DP g	DE MJ
7	57	67	30	51	61	106	9.64	5.8	3.4	1.0	8.9	25	2.31
		5	11	10	12								
4	65	76	43	57	65	174	11.30	6.0	3.9	1.0	8.9	28	1.81
		5	14	7	2								
4	60	74	48	44	63	170	10.67	6.0	3.6	1.0	8.9	31	1.92
		5		10	4								
9	50	64	5	37	58	122	8.42	6.0	3.3	1.0	8.9	24	1.68
		6		13	6								
*	71	76	36	65	75	148	12.2	5.3	4.2+	1.7	6.8	24	1.9
*	67	73	32	60	71	132	11.3	5.3	3.8	1.7	6.8	24	2.0
*	61	64	29	52	67	86	10.1	5.3	3.5+	1.7	6.8	18	2.1
*	54	60	26	40	65	75	8.8	5.0	2.7+	1.7	6.8	17	2.0
*	73	74	45	61	79	130	12.0	6.3	4.2+	1.7	6.8	25	2.3
*	64	69	33	58	68	103	10.8	6.3	3.8+	1.7	6.8	23	2.4
*	57	63	25	42	67	90	9.2	5.8	3.1	1.7	6.8	23	2.3
*	71	72	43	64	75	109	11.7	6.0	4.2	0.9	—	17	1.9
*	64	69	31	60	68	114	10.7	6.0	3.9	0.9	—	20	1.9
*	60	63	29	49	67	83	9.9	6.0	3.5	0.9	—	17	2.1
*	55	58	29	43	64	68	9.0	4.7	2.7	0.9	—	17	2.2
*	63	69	36	49	70	121	10.2	6.4	3.3	0.9	—	26	2.1
*	58	65	26	44	66	104	9.5	6.4	2.8	0.9	—	25	2.3
*	82	86	52	68	86	215	14.1	15.1	3.6	1.9	6.4	26	1.7
*	71	76	38	50	80	177	12.0	15.1	3.5	1.9	6.4	23	1.6

Grünfutter, Wurzeln, Knollen usw., frisch (1)	n	T g	je kg Trockenmasse					
			XA g	OM g	XP g	XL g	XF g	XX g
Weizen *Triticum aestivum*								
— vor bis im Ährenschieben	5	210	82	918	126	33	267	492
			39	*39*	*43*	*18*	*28*	*76*
— in bis Ende der Blüte	4	250	58	942	110	15	334	483
			14	*14*	*19*	*3*	*15*	*31*
— in der Teigreife, Körneranteil ca. 33 %	10	300	53	947	86	18	289	554
			15	*15*	*16*	*3*	*24*	*32*
— in der Teigreife, Körneranteil ca. 50 %	10	450	44	956	85	21	235	615
			5	*5*	*4*	*2*	*16*	*19*
Wicke (Saatwicke) *Vicia sativa*								
— vor der Blüte	5	130	147	853	284	36	181	352
			42	*42*	*53*	*14*	*30*	*49*
— Beginn bis Mitte der Blüte	7	150	148	852	223	36	234	359
			31	*31*	*36*	*12*	*8*	*43*
— Ende der Blüte bis Samenbildung	21	180	131	869	243	28	283	315
			31	*31*	*35*	*10*	*24*	*53*
Wiese, grasreich*)								
— 1. Aufwuchs, vor dem Ähren-/ Rispenschieben	26	170	95	905	181	37	207	480
			16	*16*	*23*	*8*	*14*	*34*
— 1. Aufwuchs, im Ähren-/ Rispenschieben	151	180	85	915	159	34	251	471
			14	*14*	*20*	*8*	*11*	*26*
— 1. Aufwuchs, Beginn bis Mitte der Blüte	215	210	85	915	144	31	282	458
			17	*17*	*15*	*4*	*11*	*22*
— 1. Aufwuchs, Ende der Blüte	137	230	85	915	125	29	309	452
			17	*17*	*18*	*6*	*11*	*27*
— 2. und folgende Aufwüchse, unter 4 Wochen	21	180	120	880	179	37	199	465
			33	*33*	*15*	*9*	*21*	*27*
— 2. und folgende Aufwüchse, 4-6 Wochen	84	200	101	899	167	38	243	451
			25	*25*	*13*	*9*	*14*	*24*
— 2. und folgende Aufwüchse, über 6 Wochen	104	220	98	902	145	32	290	435
			22	*22*	*17*	*6*	*21*	*29*
Wiese, klee- und kräuterreich*)								
— 1. Aufwuchs, vor dem Ähren-/ Rispenschieben	27	160	102	898	260	44	200	394
			15	*15*	*37*	*11*	*14*	*37*
— 1. Aufwuchs, im Ähren-/ Rispenschieben	78	180	96	904	220	34	242	408
			19	*19*	*21*	*6*	*12*	*25*
— 1. Aufwuchs, Beginn bis Mitte der Blüte	105	200	95	905	191	32	276	406
			16	*16*	*15*	*4*	*10*	*20*

*) Die angegebenen Natriumgehalte gelten für die Mitte Deutschlands. Für Norddeutschland kann etwa das Doppelte, für Süddeutschland kann etwa die Hälfte zugrunde gelegt werden.

n	Verdaulichkeit					je kg Trockenmasse					je kg FM	
	dO %	dP %	dL %	dF %	dX %	DP g	DE MJ	Ca g	P g	Na g	Cl g	DP g	DE MJ
*	60	63	27	54	65	80	10.1	2.7	2.7	0.5	12.9	17	2.1
*	56	59	20	44	64	65	9.5	2.7	1.7	0.5	12.9	16	2.4
*	59	54	32	51	65	46	10.0	2.6	2.4	0.2	—	14	3.0
*	65	57	41	62	68	49	11.1	2.6	2.6	0.2	—	22	5.0
*	65	74	47	40	73	210	11.1	12.3	3.8	0.7	5.9	27	1.4
*	60	70	31	40	69	157	9.9	12.3	3.6	0.7	5.9	24	1.5
*	51	67	16	25	65	163	8.6	12.3	3.4	0.7	5.9	29	1.6
+	73	78	29	74	74	141	12.39	6.2	4.3	1.0	8.9	24	2.11
+	67	74	25	58	73	118	11.43	6.0	3.9	1.0	8.9	21	2.06
+	62	70	36	54	67	101	10.63	5.8	3.6	1.0	8.9	21	2.23
+	57	67	30	51	61	84	9.70	5.8	3.4	1.0	8.9	19	2.23
+	65	76	43	57	65	136	10.87	6.0	3.9	1.0	8.9	24	1.96
+	59	74	48	44	63	124	10.25	6.0	3.6	1.0	8.9	25	2.05
+	50	64	5	37	58	93	8.37	6.0	3.3	1.0	8.9	20	1.84
+	73	78	29	74	74	203	12.70	10.0	4.3	1.0	8.9	32	2.03
+	67	74	25	58	73	163	11.59	10.0	3.9	1.0	8.9	29	2.09
+	63	70	36	54	67	134	10.75	10.0	3.6	1.0	8.9	27	2.15

Grünfutter, Wurzeln, Knollen usw., frisch (1)	n	T g	je kg Trockenmasse					
			XA g	OM g	XP g	XL g	XF g	XX g
— 1. Aufwuchs, Ende der Blüte	57	220	93 *17*	907 *17*	169 *16*	31 *4*	305 *10*	402 *22*
— 2. und folgende Aufwüchse, unter 4 Wochen	27	170	113 *22*	887 *22*	257 *31*	45 *10*	198 *13*	387 *37*
— 2. und folgende Aufwüchse, 4-6 Wochen	107	190	98 *22*	902 *22*	221 *22*	38 *10*	244 *13*	399 *31*
— 2. und folgende Aufwüchse, über 6 Wochen	85	210	97 *20*	903 *20*	197 *20*	36 *9*	280 *19*	390 *32*
Zuckerrübe, Blätter *Beta vulgaris var. altissima*	39	160	165 *25*	835 *25*	160 *30*	21 *13*	109 *25*	545 *50*
Zuckerrübe, Rübe	86	230	81 *48*	919 *48*	68 *28*	6 *6*	54 *10*	791 *59*

n	Verdaulichkeit					je kg Trockenmasse						je kg FM	
	dO %	dP %	dL %	dF %	dX %	DP g	DE MJ	Ca g	P g	Na g	Cl g	DP g	DE MJ
+	58	67	30	51	61	113	9.84	10.0	3.4	1.0	8.9	25	2.17
+	65	76	43	57	65	195	11.49	10.5	3.9	1.0	8.9	33	1.95
+	60	74	48	44	63	164	10.62	10.5	3.6	1.0	8.9	31	2.02
+	51	64	5	37	58	126	8.63	10.5	3.3	1.0	8.9	26	1.81
—	—	—	—	—	—	(120)	(11.0)	14.0	2.6	7.0	16.5	(19)	(1.8)
2	89	70 *13*	0	65 *27*	93 *5*	48	14.26	2.4	1.7	0.7	4.0	11	3.28

Silagen (2)	n	T g	je kg Trockenmasse					
			XA g	OM g	XP g	XL g	XF g	XX g
Ackerbohne *Vicia faba*								
— in der Gelbreife (GPS)	5	300	80	920	188	21	300	411
			16	*16*	*19*	*6*	*60*	*44*
— in der Vollreife (GPS)	5	500	76	924	202	18	267	437
			10	*10*	*9*	*2*	*26*	*29*
Biertreber	209	260	50	950	247	82	195	426
			15	*15*	*25*	*26*	*26*	*50*
Futterrübe (gehaltvolle), Rübe *Beta vulgaris var. crassa*	9	180	75	925	84	9	67	765
			30	*30*	*32*	*6*	*14*	*63*
Gerste *Hordeum vulgare*								
— in bis Ende der Blüte	10	230	79	921	96	31	345	449
			37	*37*	*13*	*8*	*33*	*28*
— in der Teigreife (GPS), Körneranteil ca. 33 %	118	300	92	908	93	23	287	505
			51	*51*	*20*	*7*	*34*	*68*
— in der Teigreife (GPS), Körneranteil ca. 50 %	30	450	54	946	100	20	218	608
			12	*11*	*18*	*4*	*18*	*31*
Hafer *Avena sativa*								
— vor bis im Rispenschieben	3	170	56	944	103	38	254	549
			2	*2*	*9*	*17*	*7*	*31*
— in bis Ende der Blüte	25	220	90	910	92	38	327	453
			29	*30*	*20*	*8*	*29*	*41*
— in der Teigreife (GPS), Körneranteil ca. 33 %	14	300	81	919	92	33	309	485
			28	*28*	*23*	*10*	*14*	*39*
— in der Teigreife (GPS), Körneranteil ca. 50 %	5	400	60	940	92	35	264	549
			4	*3*	*13*	*11*	*12*	*23*
Kartoffel, Knolle *Solanum tuberosum*								
— gedämpft	451	220	74	926	108	4	37	777
			41	*41*	*29*	*4*	*15*	*54*
Landsberger Gemenge								
— vor der Blüte	5	350	109	891	152	31	232	476
			12	*12*	*35*	*7*	*13*	*32*
— Beginn bis Mitte der Blüte	23	350	108	892	141	40	296	415
			17	*17*	*22*	*10*	*25*	*48*
— Ende der Blüte	8	350	115	885	137	54	341	353
			20	*20*	*27*	*14*	*24*	*21*

n	Verdaulichkeit					je kg Trockenmasse						je kg FM	
	dO %	dP %	dL %	dF %	dX %	DP g	DE MJ	Ca g	P g	Na g	Cl g	DP g	DE MJ
*	57	68	8	38	68	129	9.8	6.9+	3.0	2.3	—	39	2.9
*	60	67	11	39	71	135	10.3	5.2+	3.1	2.3	—	68	5.2
+	46	71	49	21	43	175	9.42	3.4	6.1	0.3	0.4+	46	2.45
+	85	67	0	85	88	56	13.83	—	—	—	—	10	2.49
*	51	57	28	45	56	55	8.6	4.3+	2.0+	—	—	13	2.0
*	58	54	37	48	65	50	9.5	3.7	2.9	0.4	—	15	2.8
*	67	60	43	65	69	60	11.3	2.9	2.9	0.4	—	27	5.1
*	60	62	30	62	61	64	10.4	3.9+	2.9	1.0	12.9	11	1.8
*	52	56	31	49	55	52	8.7	3.9	2.3+	1.0	12.9	11	1.9
*	54	52	31	50	58	48	9.0	4.7	2.9	0.1	—	14	2.7
*	58	57	33	59	60	52	10.0	4.7	2.9	0.1	—	21	4.0
+	87	70	0	60	91	76	14.26	0.5	2.5	0.3	2.9	17	3.14
*	65	68	35	55	71	103	10.8	10.5	3.5	0.5+	5.1+	36	3.8
*	56	65	23	47	62	92	9.3	10.5	3.5	0.5+	5.1+	32	3.2
-	—	—	—	—	—	(86)	(8.5)	10.5	2.9	0.5+	5.1+	(30)	(3.0)

Silagen (2)	n	T g	je kg Trockenmasse					
			XA g	OM g	XP g	XL g	XF g	XX g
Luzerne								
Medicago sativa								
— 1. Aufwuchs, vor der Knospe	4	350	136	864	220	40	212	392
			30	30	33	3	32	36
— 1. Aufwuchs, in der Knospe	34	350	123	877	197	38	274	368
			29	29	30	13	15	38
— 1. Aufwuchs, Beginn bis Mitte der Blüte	30	350	117	883	176	41	318	348
			42	42	22	12	20	30
— 1. Aufwuchs, Ende der Blüte	18	350	120	880	168	38	362	312
			61	61	23	12	30	37
— 2. und folgende Aufwüchse, in der Knospe	4	350	129	871	198	38	277	358
			54	54	20	14	10	51
— 2. und folgende Aufwüchse, Beginn bis Mitte der Blüte	3	350	131	869	181	34	319	335
			29	29	17	10	17	39
Luzerne/Gras-Gemenge								
— 1. Aufwuchs, in der Knospe	8	350	108	892	199	27	274	392
			16	16	9	6	10	22
— 1. Aufwuchs, Beginn bis Mitte der Blüte	18	350	104	896	170	31	314	381
			18	18	27	7	14	35
— 1. Aufwuchs, Ende der Blüte	37	350	103	897	162	28	354	353
			15	15	22	5	19	28
— 2. und folgende Aufwüchse, vor der Knospe	4	350	116	884	253	54	233	344
			14	14	16	15	6	30
— 2. und folgende Aufwüchse, in der Knospe	5	350	111	889	216	40	267	366
			38	38	53	17	21	85
— 2. und folgende Aufwüchse, Beginn bis Mitte der Blüte	78	350	129	871	153	20	342	356
			20	20	26	5	23	26
Mais								
Zea mays								
— Beginn der Kolbenbildung	89	170	86	914	100	34	290	490
			20	20	16	18	34	57
— in der Milchreife, Kolbenanteil niedrig (< 25 %)	253	200	67	933	91	30	277	535
			23	23	15	11	25	40
— in der Milchreife, Kolbenanteil mittel (25-35 %)	341	210	61	939	93	32	234	580
			17	17	11	9	8	25
— in der Milchreife, Kolbenanteil hoch (> 35 %)	122	230	61	939	93	35	211	600
			18	18	9	9	8	23
— Beginn der Teigreife, Kolbenanteil niedrig (< 35 %)	76	250	54	946	83	28	257	578
			10	10	16	6	25	27
— Beginn der Teigreife, Kolbenanteil mittel (35-45 %)	274	270	52	948	90	32	213	613
			10	10	10	6	8	20
— Beginn der Teigreife, Kolbenanteil hoch (> 45 %)	67	290	53	947	92	42	185	628
			9	9	10	12	11	20
— Ende der Teigreife, Kolbenanteil niedrig (< 45 %)	58	320	56	944	81	31	243	589
			21	21	12	9	24	41

	Verdaulichkeit					je kg Trockenmasse						je kg FM	
	dO %	dP %	dL %	dF %	dX %	DP g	DE MJ	Ca g	P g	Na g	Cl g	DP g	DE MJ
+	66	74	41	48	74	163	11.10	18.9	4.2	0.6	5.9+	57	3.88
+	61	73	24	45	70	144	10.20	18.9	3.0	0.6	5.9+	50	3.57
+	58	71	17	44	69	125	9.67	18.9	2.8	0.6	5.9+	44	3.38
+	52	64	10	44	60	108	8.57	18.9	2.6	0.6	5.9+	38	3.00
+	57	71	6	37	70	141	9.39	17.9	3.2	0.6	5.9+	49	3.28
+	52	68	0	33	67	123	8.49	17.9	2.7	0.6	5.9+	43	2.97
-	—	—	—	—	—	(147)	(10.9)	12.4+	3.5+	0.8+	7.4+	(52)	(3.8)
+	59	70	0	49	68	119	9.83	12.3+	3.2+	0.8+	7.4+	42	3.44
-	—	—	—	—	—	(107)	(9.0)	12.3+	3.2+	0.8+	7.4+	(37)	(3.1)
+	63	80	0	47	70	202	10.67	12.0+	3.9+	0.8+	7.4+	71	3.74
-	—	—	—	—	—	(156)	(10.0)	12.0+	3.4+	0.8+	7.4+	(54)	(3.5)
-	—	—	—	—	—	(101)	(8.2)	12.0+	3.0+	0.8+	7.4+	(35)	(2.9)
-	—	—	—	—	—	(63)	(9.9)	4.2	2.7	0.2	5.7	(11)	(1.7)
-	—	—	—	—	—	(59)	(10.3)	3.6	2.6	0.2	5.7	(12)	(2.1)
-	65	65	28	59	69	60	10.97	3.6	2.6	0.2	5.7	13	2.30
-	—	—	—	—	—	(60)	(11.8)	3.6	2.6	0.2	5.7	(14)	(2.7)
-	—	—	—	—	—	(47)	(10.3)	3.3	2.5	0.2	5.7	(12)	(2.6)
-	—	—	—	—	—	(59)	(11.4)	3.3	2.5	0.2	5.7	(16)	(3.1)
•	72	72	47	59	78	66	12.55	3.3	2.5	0.2	5.7	19	3.64
	62	57	55	63	63	46	10.71	3.2	2.4	0.2	5.7	15	3.43

	n	T	je kg Trockenmasse					
Silagen (2)		g	XA g	OM g	XP g	XL g	XF g	XX g
— Ende der Teigreife, Kolbenanteil mittel (45-55 %)	104	350	46 *8*	954 *8*	86 *8*	33 *4*	204 *8*	631 *13*
— Ende der Teigreife, Kolbenanteil hoch (> 55 %)	89	380	46 *8*	954 *8*	89 *14*	36 *5*	174 *19*	655 *14*
Mais, Körner	27	600	20 *4*	980 *4*	104 *8*	42 *7*	26 *8*	808 *20*
Mais, Restpflanze								
— aus Lieschkolbenernte	4	300	170 *80*	830 *80*	74 *25*	13 *5*	288 *32*	455 *56*
— aus CCM-Ernte	11	350	159 *48*	841 *48*	59 *14*	15 *6*	319 *46*	448 *18*
— aus Körnerernte	19	400	124 *26*	876 *26*	56 *9*	11 *3*	350 *14*	459 *15*
Maiskolben								
— ohne Hüllblätter, CCM	120	600	21 *6*	979 *6*	105 *13*	43 *6*	53 *10*	778 *17*
— mit Hüllblättern	25	500	29 *9*	971 *9*	97 *22*	36 *10*	159 *29*	679 *54*
Naßschnitzel	22	140	76 *28*	924 *28*	113 *17*	20 *13*	250 *58*	541 *74*
Obsttrester (Apfel) *Malus sylvestris*	10	230	36 *22*	964 *22*	70 *15*	67 *26*	259 *61*	568 *88*
Preßschnitzel	78	220	70 *21*	930 *21*	113 *16*	12 *7*	212 *21*	593 *27*
Roggen *Secale cereale*								
— vor bis im Ährenschieben	20	170	126 *32*	874 *32*	163 *46*	54 *23*	276 *25*	381 *40*
— in bis Ende der Blüte	49	230	118 *44*	882 *44*	103 *27*	41 *12*	366 *30*	372 *47*
Rotklee *Trifolium pratense*								
— 1. Aufwuchs, in der Knospe	8	350	122 *18*	878 *18*	194 *16*	49 *11*	215 *18*	420 *27*
— 1. Aufwuchs, Beginn bis Mitte der Blüte	8	350	125 *42*	875 *42*	179 *35*	42 *16*	260 *17*	394 *57*
— 1. Aufwuchs, Ende der Blüte	15	350	114 *25*	886 *25*	148 *16*	36 *9*	319 *28*	383 *33*
— 2. und folgende Aufwüchse, in der Knospe	4	350	83 *32*	917 *32*	185 *27*	43 *6*	256 *21*	433 *44*
— 2. und folgende Aufwüchse, Beginn bis Mitte der Blüte	5	350	128 *27*	872 *27*	154 *12*	31 *2*	317 *57*	370 *28*

	Verdaulichkeit					je kg Trockenmasse						je kg FM	
	dO %	dP %	dL %	dF %	dX %	DP g	DE MJ	Ca g	P g	Na g	Cl g	DP g	DE MJ
–	—	—	—	—	—	(54)	(12.0)	3.2	2.4	0.2	5.7	(19)	(4.2)
2	75	68	61	67	79	61	13.06	3.2	2.4	0.2	5.7	23	4.96
+	86	69	59	48	91	72	15.43	0.4	3.2+	0.1	0.7	43	9.26
*	53	43	64	36	65	32	7.9	6.7	2.3	0.2+	—	10	2.4
*	50	39	64	34	62	23	7.5	6.7	2.3	0.2+	—	8	2.6
*	48	41	56	34	60	23	7.5	6.7	2.3	0.2+	—	9	3.0
–	—	—	—	—	—	(74)	(15.1)	0.4	3.2	0.2	0.7+	(44)	(9.1)
3	80	70	67	64	86	68	14.24	1.0	3.1	0.2	0.5+	34	7.12
+	78	57	74	69	87	64	13.09	6.6+	1.2	2.4	1.2	9	1.83
+	48	49	0	43	56	34	8.16	1.9	1.5	0.2	—	8	1.88
+	79	57	74	69	87	64	13.19	6.9	1.0	0.5	—	14	2.90
*	56	69	23	51	59	112	9.3	4.7	3.5	0.8	—	19	1.6
*	49	65	33	44	51	67	8.1	3.9	3.4	0.8	—	15	1.9
*	65	75	32	58	67	146	10.9	16.2	3.1	0.5+	7.1+	51	3.8
*	58	68	24	47	65	122	9.7	16.2	2.7	0.5+	7.1+	43	3.4
*	54	65	20	43	62	96	8.9	16.2	2.4	0.5+	7.1+	34	3.1
*	62	73	14	52	67	135	10.6	16.8	3.0	0.5+	7.1+	47	3.7
*	54	64	23	39	65	98	8.8	16.8	2.8	0.5+	7.1+	34	3.1

Silagen (2)	n	T g	je kg Trockenmasse					
			XA g	OM g	XP g	XL g	XF g	XX g
Rotklee/Gras-Gemenge								
— 1. Aufwuchs, vor der Knospe	8	350	116	884	197	42	223	422
			41	41	12	11	17	32
— 1. Aufwuchs, in der Knospe	7	350	113	887	167	42	258	420
			27	27	46	9	8	56
— 1. Aufwuchs, Beginn bis Mitte der Blüte	23	350	107	893	149	50	291	403
			25	25	23	19	12	36
— 1. Aufwuchs, Ende der Blüte	35	350	132	868	123	46	344	355
			31	31	20	12	35	30
— 2. und folgende Aufwüchse, vor der Knospe	3	350	105	895	207	52	222	414
			7	7	26	11	10	47
— 2. und folgende Aufwüchse, in der Knospe	13	350	122	878	178	46	256	398
			26	26	26	15	8	31
Sonnenblume *Helianthus annuus*								
— vor der Blüte	3	350	134	866	118	28	178	542
			2	2	10	2	2	13
— in der Blüte	3	140	139	861	121	56	315	369
			19	19	38	5	91	66
— Ende der Blüte	20	350	116	884	85	36	366	397
			10	10	19	12	25	34
Stoppelrübe, Rübe *Brassica rapa var. rapa*								
— ohne Blätter	13	120	198	802	138	47	179	438
			79	79	14	15	10	69
— mit Blättern	228	130	202	798	171	51	187	389
			66	66	13	14	26	54
Weide (extensiv)**								
— 1. Aufwuchs, vor dem Ähren-/Rispenschieben	56	350	111	889	140	45	227	477
			37	37	13	7	14	31
— 1. Aufwuchs, im Ähren-/Rispenschieben	199	350	103	897	126	41	263	467
			29	29	14	6	13	31
— 1. Aufwuchs, Beginn bis Mitte der Blüte	167	350	102	898	112	37	296	453
			24	24	10	6	10	23
— 1. Aufwuchs, Ende der Blüte	44	350	96	904	94	36	329	445
			35	35	8	5	15	27
— 1. Aufwuchs, überständig	74	350	113	887	92	37	361	397
			32	32	9	5	23	29
— 2. und folgende Aufwüchse, unter 4 Wochen	16	350	120	880	135	45	226	474
			42	42	11	5	13	34
— 2. und folgende Aufwüchse, 4-6 Wochen	67	350	114	886	126	40	258	462
			32	32	10	6	15	30

**) Je nach Ausgangssituation und Zeitdauer der Extensivierung ergeben sich sehr unterschiedliche Mineralstoffgehalte. Die angegebenen Mittelwerte können daher nur als Anhaltspunkt dienen.

	Verdaulichkeit					je kg Trockenmasse						je kg FM	
	dO %	dP %	dL %	dF %	dX %	DP g	DE MJ	Ca g	P g	Na g	Cl g	DP g	DE MJ
-	—	—	—	—	—	(154)	(12.2)	12.3+	3.9	0.8+	8.0+	(54)	(4.3)
-	—	—	—	—	—	(124)	(11.1)	12.3	3.5	0.8+	8.0+	(43)	(3.9)
-	—	—	—	—	—	(104)	(10.4)	12.3	3.3	0.8+	8.0+	(37)	(3.6)
-	—	—	—	—	—	(82)	(9.2)	11.8	3.2	0.8+	8.0+	(29)	(3.2)
-	—	—	—	—	—	(157)	(11.3)	12.4	3.7	0.8+	8.0+	(55)	(3.9)
-	—	—	—	—	—	(132)	(10.1)	12.4	3.4	0.8+	8.0+	(46)	(3.5)
*	64	68	29	42	72	80	10.2	16.0	2.5	0.4+	8.2	28	3.6
*	49	62	31	40	54	75	8.0	16.0	2.5	0.4+	8.2	11	1.1
*	45	54	40	37	51	46	7.4	16.0	2.5+	0.4+	8.2+	16	2.6
+	76	89	99	78	69	123	12.19	6.2	5.3	3.0	—	15	1.46
*	61	75	31	41	69	128	9.4	13.4	5.9	1.4	—	17	1.2
+	72	78	29	74	74	109	11.95	10.0	4.3	1.0	8.9+	38	4.18
+	67	74	25	58	73	93	11.01	10.0	3.9	1.0	8.9+	33	3.85
+	62	70	36	54	67	78	10.27	10.0	3.6	1.0	8.9+	27	3.59
+	57	67	30	51	61	63	9.40	10.0	3.4	1.0	8.9+	22	3.29
*	51	55	30	44	59	51	8.3	10.0	3.1	1.0	8.9+	18	2.9
+	64	76	43	57	65	103	10.60	10.5	3.9	1.0	8.9+	36	3.71
+	58	74	48	44	63	93	9.82	10.5	3.6	1.0	8.9+	33	3.44

Silagen (2)	n	T g	je kg Trockenmasse					
			XA g	OM g	XP g	XL g	XF g	XX g
— 2. und folgende Aufwüchse, über 6 Wochen	45	350	109 *37*	891 *37*	103 *11*	34 *6*	316 *34*	438 *40*
Weide (Intensiv-/Mähweide)*)								
— 1. Aufwuchs, vor dem Ähren-/ Rispenschieben	139	350	114 *22*	886 *22*	187 *23*	43 *9*	220 *18*	436 *30*
— 1. Aufwuchs, im Ähren-/ Rispenschieben	470	350	111 *24*	889 *24*	168 *17*	41 *8*	258 *13*	422 *27*
— 1. Aufwuchs, Beginn bis Mitte der Blüte	293	350	113 *25*	887 *25*	150 *17*	37 *8*	290 *12*	410 *27*
— 1. Aufwuchs, Ende der Blüte	149	350	114 *31*	886 *31*	129 *17*	37 *8*	319 *14*	401 *29*
— 2. und folgende Aufwüchse, unter 4 Wochen	21	350	132 *42*	868 *42*	192 *27*	41 *8*	214 *21*	421 *32*
— 2. und folgende Aufwüchse, 4-6 Wochen	63	350	124 *37*	876 *37*	168 *22*	43 *7*	254 *15*	411 *41*
— 2. und folgende Aufwüchse, über 6 Wochen	68	350	112 *33*	888 *33*	150 *23*	39 *10*	295 *18*	404 *38*
Weidelgras, deutsches *Lolium perenne*								
— 1. Aufwuchs, vor dem Ährenschieben	4	350	123 *31*	877 *31*	163 *51*	40 *16*	217 *12*	457 *60*
— 1. Aufwuchs, im Ährenschieben	6	350	118 *45*	882 *45*	152 *34*	65 *23*	259 *15*	406 *73*
— 1. Aufwuchs, Beginn bis Mitte der Blüte	9	350	112 *32*	888 *32*	130 *25*	47 *14*	287 *14*	424 *42*
— 1. Aufwuchs, Ende der Blüte	17	350	100 *24*	900 *24*	136 *18*	39 *7*	320 *15*	405 *36*
— 2. und folgende Aufwüchse, über 6 Wochen	11	350	129 *59*	871 *59*	167 *14*	62 *9*	285 *23*	357 *50*
Weidelgras, welsches *Lolium multiflorum*								
— 1. Aufwuchs, vor dem Ährenschieben	8	350	83 *13*	917 *13*	135 *24*	31 *6*	233 *15*	518 *31*
— 1. Aufwuchs, im Ährenschieben	7	350	104 *25*	896 *25*	138 *19*	38 *8*	251 *10*	469 *32*
— 1. Aufwuchs, Beginn bis Mitte der Blüte	10	350	116 *30*	884 *30*	117 *17*	41 *9*	289 *12*	437 *34*
— 1. Aufwuchs, Ende der Blüte	11	350	116 *53*	884 *53*	115 *23*	31 *7*	356 *43*	382 *112*
— 2. und folgende Aufwüchse, 4-6 Wochen	4	350	151 *16*	849 *16*	172 *24*	45 *8*	238 *8*	394 *36*
— 2. und folgende Aufwüchse, über 6 Wochen	5	350	120 *14*	880 *14*	108 *24*	34 *7*	335 *43*	403 *24*

*) Die angegebenen Natriumgehalte gelten für die Mitte Deutschlands. Für Norddeutschland kann etwa das Doppelte, für Süddeutschland kann etwa die Hälfte zugrunde gelegt werden.

	Verdaulichkeit					je kg Trockenmasse						je kg FM	
n	dO %	dP %	dL %	dF %	dX %	DP g	DE MJ	Ca g	P g	Na g	Cl g	DP g	DE MJ
+	49	64	5	37	58	66	7.95	10.5	3.3	1.0	8.9+	23	2.78
+	73	78	29	74	74	146	12.17	6.2	4.3	1.0	8.9+	51	4.26
+	67	74	25	58	73	124	11.11	6.0	3.9	1.0	8.9+	44	3.89
+	62	70	36	54	67	105	10.33	5.8	3.6	1.0	8.9+	37	3.62
+	57	67	30	51	61	86	9.41	5.8	3.4	1.0	8.9+	30	3.29
+	64	76	43	57	65	146	10.82	6.0	3.9	1.0	8.9+	51	3.79
+	59	74	48	44	63	124	10.01	6.0	3.6	1.0	8.9+	44	3.50
+	50	64	5	37	58	96	8.18	6.0	3.3	1.0	8.9+	34	2.86
*	71	76	36	65	75	124	11.7	5.3	4.2+	1.7	6.8+	43	4.1
*	65	73	32	60	71	111	11.0	5.3	3.8	1.7	6.8+	39	3.8
*	60	64	29	52	67	83	9.9	5.3	3.5+	1.7	6.8+	29	3.5
*	54	60	26	40	65	82	9.0	5.0	2.7+	1.7	6.8+	29	3.1
*	55	63	25	42	67	105	9.2	5.8	3.1	1.7	6.8+	37	3.2
*	71	72	43	64	75	97	12.0	6.0	4.2	0.9+	—	34	4.2
*	64	69	31	60	68	95	10.7	6.0	3.9	0.9+	—	33	3.7
*	59	63	29	49	67	74	9.6	6.0	3.5	0.9+	—	26	3.4
*	54	58	29	43	64	67	8.7	4.7	2.7	0.9+	—	23	3.0
*	62	69	36	49	70	119	10.1	6.4	3.3	0.9+	—	42	3.5
*	56	65	26	44	66	70	9.0	6.4	2.8	0.9+	—	25	3.2

Silagen (2)	n	T g	XA g	OM g	XP g	XL g	XF g	XX g
Weizen								
Triticum aestivum								
— in bis Ende der Blüte	8	250	133	867	121	30	327	389
			46	*46*	*23*	*10*	*19*	*58*
— in der Teigreife (GPS),	45	300	79	921	95	19	298	509
Körneranteil ca. 33 %			*22*	*22*	*19*	*7*	*28*	*58*
— in der Teigreife (GPS),	19	450	61	939	89	18	232	600
Körneranteil ca. 50 %			*17*	*17*	*10*	*4*	*13*	*22*
Wiese, grasreich*)								
— 1. Aufwuchs, vor dem Ähren-/	86	350	114	886	158	44	224	460
Rispenschieben			*30*	*30*	*20*	*7*	*14*	*32*
— 1. Aufwuchs, im Ähren-/	463	350	110	890	144	40	263	443
Rispenschieben			*28*	*28*	*16*	*8*	*13*	*27*
— 1. Aufwuchs, Beginn bis Mitte	371	350	109	891	129	37	294	431
der Blüte			*37*	*37*	*13*	*7*	*15*	*26*
— 1. Aufwuchs, Ende der Blüte	138	350	108	892	111	34	322	425
			41	*41*	*11*	*7*	*17*	*31*
— 2. und folgende Aufwüchse,	73	350	115	885	156	48	221	460
unter 4 Wochen			*23*	*23*	*27*	*6*	*15*	*30*
— 2. und folgende Aufwüchse,	139	350	114	886	149	41	258	438
4-6 Wochen			*31*	*31*	*24*	*8*	*14*	*35*
— 2. und folgende Aufwüchse,	126	350	117	883	130	34	304	415
über 6 Wochen			*37*	*37*	*19*	*5*	*29*	*36*
Wiese, klee- und kräuterreich*)								
— 1. Aufwuchs, vor dem Ähren-/	61	350	115	885	207	45	218	415
Rispenschieben			*23*	*23*	*21*	*12*	*19*	*32*
— 1. Aufwuchs, im Ähren-/	271	350	113	887	184	38	257	408
Rispenschieben			*26*	*26*	*16*	*8*	*14*	*26*
— 1. Aufwuchs, Beginn bis Mitte	263	350	112	888	162	36	290	400
der Blüte			*28*	*28*	*14*	*10*	*11*	*27*
— 1. Aufwuchs, Ende der Blüte	224	350	106	894	146	35	320	393
			34	*30*	*19*	*8*	*13*	*32*
— 2. und folgende Aufwüchse,	30	350	94	906	194	30	267	415
4-6 Wochen			*19*	*19*	*23*		*10*	*28*
— 2. und folgende Aufwüchse,	32	350	94	906	175	30	301	400
über 6 Wochen			*23*	*23*	*19*		*17*	*24*
Zuckerrübe, Blätter								
Beta vulgaris var. altissima	57	160	168	832	142	32	159	499
			24	*24*	*26*	*9*	*22*	*43*

*) Die angegebenen Natriumgehalte gelten für die Mitte Deutschlands. Für Norddeutschland kann etw das Doppelte, für Süddeutschland kann etwa die Hälfte zugrunde gelegt werden.

	Verdaulichkeit					je kg Trockenmasse						je kg FM	
	dO %	dP %	dL %	dF %	dX %	DP g	DE MJ	Ca g	P g	Na g	Cl g	DP g	DE MJ
*	53	58	32	40	63	71	8.5	2.7+	1.7+	0.5+	12.9+	18	2.1
*	57	54	33	47	65	52	9.5	2.6	2.4	0.2	—	15	2.9
*	65	57	45	60	68	51	10.9	2.6	2.6	0.2	—	23	4.9
+	72	78	29	74	74	123	12.01	6.2	4.3	1.0	8.9	43	4.20
+	67	74	25	58	73	107	11.00	6.0	3.9	1.0	8.9	37	3.85
+	62	70	36	54	67	90	10.27	5.8	3.6	1.0	8.9	32	3.59
+	57	67	30	51	61	74	9.37	5.8	3.4	1.0	8.9	26	3.28
+	64	76	43	57	65	119	10.81	6.0	3.9	1.0	8.9	41	3.78
-	59	74	48	44	63	110	9.97	6.0	3.6	1.0	8.9	39	3.49
+	50	64	5	37	58	83	8.04	6.0	3.3	1.0	8.9	29	2.82
-	73	78	29	74	74	161	12.26	10.0	4.3	1.0	8.9	57	4.29
-	67	74	25	58	73	136	11.17	10.0	3.9	1.0	8.9	48	3.91
	62	70	36	54	67	113	10.39	10.0	3.6	1.0	8.9	40	3.64
-	57	67	30	51	61	98	9.57	10.0	3.4	1.0	8.9	34	3.35
	59	74	48	44	63	144	10.36	10.5	3.6	1.0	8.9	50	3.63
	50	64	5	37	58	112	8.53	10.5	3.3	1.0	8.9	39	2.99
	—	—	—	—	—	(107)	(10.7)	14.7	2.5	7.0	16.5	(17)	(1.7)

Heu, Spreu und Stroh (3)	n	T g	je kg Trockenmasse					
			XA g	OM g	XP g	XL g	XF g	XX g
Erbse, Stroh *Pisum sativum ssp. sativum*	4	860	89 *24*	911 *24*	107 *50*	21 *3*	373 *79*	410 *10*
Gerste, Stroh *Hordeum vulgare*	76	860	63 *28*	937 *28*	38 *12*	16 *5*	434 *45*	449 *31*
— aufgeschlossen (Natronlauge)	30	860	108 *24*	892 *24*	41 *13*	14 *5*	417 *45*	420 *27*
— aufgeschlossen (Ammoniak)	37	860	59 *19*	941 *19*	84#) *27*	15 *5*	446 *36*	396 *42*
Glatthafer, Stroh *Arrhenatherum elatius*	18	860	71 *8*	929 *8*	60 *16*	17 *3*	382 *27*	470 *21*
Hafer, Spreu *Avena sativa*	7	860	82 *54*	918 *54*	80 *26*	30 *13*	274 *51*	534 *87*
Hafer, Stroh *Avena sativa*	39	860	65 *19*	935 *19*	36 *15*	15 *6*	443 *37*	441 *29*
— aufgeschlossen (Natronlauge)	4	860	110 *21*	890 *21*	30 *17*	13 *4*	442 *19*	405 *15*
— aufgeschlossen (Ammoniak)	13	860	60 *17*	940 *17*	83#) *18*	13 *4*	444 *26*	400 *2*
Knaulgras, Heu *Dactylis glomerata* — 1. Aufwuchs, vor dem Rispenschieben	3	860	115	885	224	46	235	380
— 1. Aufwuchs, im Rispenschieben	3	860	99	901	189	35	299	378
— 1. Aufwuchs, Beginn bis Mitte der Blüte	8	860	89 *11*	911 *11*	130 *40*	28 *7*	320 *8*	433 *43*
— 1. Aufwuchs, Ende der Blüte	25	860	83 *30*	917 *21*	113 *32*	27 *8*	368 *21*	409 *52*
— 2. und folgende Aufwüchse, 4-6 Wochen	5	860	109 *10*	891 *10*	193 *3*	42 *6*	289 *13*	367
— 2. und folgende Aufwüchse, über 6 Wochen	9	860	98 *13*	902 *13*	130 *24*	44 *7*	320 *12*	408 *20*
Luzerne, Heu *Medicago sativa* — 1. Aufwuchs, vor der Knospe	9	860	118 *34*	882 *34*	207 *45*	25 *7*	221 *22*	429 *4*
— 1. Aufwuchs, in der Knospe	27	860	100 *15*	900 *15*	183 *31*	21 *9*	287 *19*	409 *22*

#) Der Rohproteingehalt ist durch nicht verwertbaren NPN-Anteil erhöht.

	Verdaulichkeit					je kg Trockenmasse						je kg FM	
n	dO %	dP %	dL %	dF %	dX %	DP g	DE MJ	Ca g	P g	Na g	Cl g	DP g	DE MJ
*	48	55	24	42	53	59	8.0	16.8	1.6	1.6	7.0	51	6.9
0	38	28	24	38	39	11	6.28	3.9	1.0	1.3	8.1	9	5.40
		16	11	5	3								
4	51	0	20	57	52	0	7.91	3.9	1.0	23.3	8.1+	0	6.80
				4	4								
8	44	46	36	42	46	(11)	7.40	3.9	1.0	1.3	8.1+	(9)	6.36
		5	6	6	2								
*	46	42	33	43	49	25	7.5	4.0	1.8	—	—	21	6.5
*	53	48	33	46	58	39	8.8	5.7	2.6	—	—	33	7.5
1	41	35	28	44	38	13	6.67	3.7	1.4	1.8	7.6	11	5.74
		20	24	11	7								
6	39	0	0	52	29	0	5.96	3.7	1.4	15.2	7.6+	0	5.13
4	38	0	0	47	37	0	6.12	3.7	1.4	1.8	7.6	0	5.27
4	63	68	26	59	68	153	10.77	—	—	—	—	132	9.26
9	62	67	31	55	67	126	10.48	—	—	—	—	108	9.01
			2	3	1								
*	56	62	20	48	63	81	9.4	—	—	—	—	69	8.1
0	49	43	33	47	53	49	8.18	—	—	—	—	42	7.03
		8	14	2	7								
*	55	70	13	45	61	135	9.4	—	—	—	—	116	8.1
4	50	60	47	43	53	78	8.69	—	—	—	—	67	7.47
2	67	74	41	48	74	154	11.23	15.8	3.6	0.5+	5.0+	133	9.66
		2	8	9	1								
3	62	73	24	45	70	133	10.39	15.8	2.8	0.5+	5.0+	114	8.93
		1	16	8	2								

Heu, Spreu und Stroh (3)	n	T. g	je kg Trockenmasse					
			XA g	OM g	XP g	XL g	XF g	XX g
— 1. Aufwuchs, Beginn bis Mitte der Blüte	49	860	85 *16*	915 *16*	161 *20*	18 *6*	340 *13*	396 *28*
— 1. Aufwuchs, Ende der Blüte	60	860	92 *16*	908 *16*	157 *25*	16 *5*	387 *22*	348 *32*
— 2. und folgende Aufwüchse, vor der Knospe	6	860	99 *18*	901 *18*	177 *9*	22 *12*	254 *16*	448 *19*
— 2. und folgende Aufwüchse, in der Knospe	8	860	95 *16*	905 *16*	175 *17*	21 *6*	294 *22*	415 *19*
— 2. und folgende Aufwüchse, Beginn bis Mitte der Blüte	19	860	100 *20*	900 *20*	173 *15*	28 *10*	335 *21*	364 *27*
Luzerne/Gras-Gemenge, Heu								
— 1. Aufwuchs, in der Knospe	5	860	83 *6*	917 *6*	163 *28*	27 *9*	288 *8*	439 *40*
— 1. Aufwuchs, Ende der Blüte	3	860	73 *14*	927 *14*	125 *64*	13 *4*	327 *59*	462 *31*
— 2. und folgende Aufwüchse, Beginn bis Mitte der Blüte	4	860	100 *4*	900 *4*	157 *11*	27 *6*	312 *13*	404 *8*
Roggen, Stroh *Secale cereale*	10	860	56 *25*	944 *25*	37 *15*	15 *7*	468 *53*	424 *36*
— aufgeschlossen (Ammoniak)	3	860	84 *12*	916 *12*	83#) *25*	18 *3*	427 *6*	388 *27*
Rotklee, Heu *Trifolium pratense*								
— 1. Aufwuchs, in der Knospe	10	860	111 *15*	889 *15*	151 *43*	26 *6*	245 *13*	467 *36*
— 1. Aufwuchs, Beginn bis Mitte der Blüte	10	860	89 *14*	911 *14*	146 *30*	24 *5*	285 *13*	456 *30*
— 1. Aufwuchs, Ende der Blüte	40	860	90 *18*	910 *18*	138 *31*	18 *6*	357 *26*	397 *48*
— 2. und folgende Aufwüchse, Beginn bis Mitte der Blüte	4	860	92 *29*	908 *29*	157 *32*	19 *6*	317 *14*	415 *47*
Rotklee/Gras-Gemenge, Heu								
— 1. Aufwuchs, vor der Knospe	10	860	87 *19*	913 *19*	147 *48*	29 *12*	240 *10*	497 *73*
— 1. Aufwuchs, in der Knospe	5	860	83 *20*	917 *20*	133 *25*	26 *3*	278 *15*	480 *26*
— 1. Aufwuchs, Beginn bis Mitte der Blüte	32	860	84 *11*	916 *11*	129 *14*	24 *10*	315 *22*	448 *29*
— 2. und folgende Aufwüchse, Beginn bis Mitte der Blüte	4	860	85 *8*	915 *8*	158 *8*	32 *8*	338 *32*	387 *27*

#) Der Rohproteingehalt ist durch nicht verwertbaren NPN-Anteil erhöht.

n	Verdaulichkeit					je kg Trockenmasse						je kg FM	
	dO %	dP %	dL %	dF %	dX %	DP g	DE MJ	Ca g	P g	Na g	Cl g	DP g	DE MJ
1	59	71 4	17 19	44 6	69 3	115	9.97	15.8	2.6	0.5+	5.0+	98	8.58
1	53	64 8	10 7	44 8	60 5	100	8.85	15.8	2.4	0.5+	5.0+	86	7.61
6	65	80 3	13 8	38 13	76 5	141	10.87	17.0	3.7	0.5+	5.0+	121	9.35
9	58	71 3	6	37 3	70 1	124	9.77	17.0	2.9	0.5+	5.0+	107	8.40
5	52	68 2	0	33 3	67 3	117	8.77	17.0	2.3	0.5+	5.0+	101	7.54
–	—	—	—	—	—	(109)	(10.2)	10.4+	3.1+	0.5+	6.4+	(94)	(8.7)
–	—	—	—	—	—	(76)	(9.0)	10.4+	2.8+	0.5+	6.4+	(66)	(7.7)
–	—	—	—	—	—	(96)	(8.5)	11.2+	2.7+	0.5+	6.4+	(82)	(7.3)
8	41	47 20	58 19	37 13	44 19	17	6.87	3.0	1.0	1.5	2.8	15	5.90
*	43	47	31	40	46	(17)	7.1	3.0	1.0	1.5	2.8	(15)	6.1
6	64	60	29	44	77	90	10.41	14.0	2.8	0.4	4.7	77	8.95
3	55	58 2	29 2	39 2	65 1	85	9.22	14.0	2.4	0.4	4.7	73	7.93
4	50	58 6	54 32	35 2	60 2	80	8.45	14.0	2.2	0.4	4.7	69	7.26
*	54	65	16	39	64	102	9.1	14.8	2.6	0.4	4.7	88	7.9
–	—	—	—	—	—	(98)	(10.9)	11.4+	3.5	0.4	5.5	(85)	(9.4)
–	—	—	—	—	—	(82)	(9.8)	11.4+	3.2+	0.4	5.5	(71)	(8.4)
–	—	—	—	—	—	(81)	(9.4)	11.4	2.9	0.4	5.5	(70)	(8.1)
–	—	—	—	—	—	(85)	(8.4)	12.0	2.8	0.4	5.5	(73)	(7.2)

Heu, Spreu und Stroh (3)	n	T g	je kg Trockenmasse				
			XA g	OM g	XP g	XL g	XF g	XX g
Rotschwingel, Stroh								
Festuca rubra	18	860	70	930	60	18	391	461
			9	9	11	3	20	12
Weide (extensiv), Heu**)								
— 1. Aufwuchs, im Ähren-/	846	860	77	923	98	24	284	517
Rispenschieben			15	15	13	3	11	21
— 1. Aufwuchs, Beginn bis Mitte	999	860	76	924	86	22	314	502
der Blüte			15	15	12	2	10	19
— 1. Aufwuchs, Ende der Blüte	480	860	77	923	78	21	341	483
			18	18	10	2	11	18
— 1. Aufwuchs, überständig	90	860	73	927	73	20	374	460
			18	18	11	3	15	22
— 2. und folgende Aufwüchse,	63	860	98	902	117	30	238	517
unter 4 Wochen			21	21	11	4	12	23
— 2. und folgende Aufwüchse,	118	860	92	908	109	29	279	491
4-6 Wochen			18	18	11	3	12	20
— 2. und folgende Aufwüchse,	84	860	84	916	89	27	324	476
über 6 Wochen			22	22	12	5	21	26
Weide (Intensiv-/Mähweide), Heu*)								
— 1. Aufwuchs, im Ähren-/	307	860	85	915	143	28	280	464
Rispenschieben			17	17	19	2	12	27
— 1. Aufwuchs, Beginn bis Mitte	431	860	85	915	124	25	309	457
der Blüte			17	17	18	2	10	25
— 1. Aufwuchs, Ende der Blüte	253	860	85	915	114	23	336	442
			19	19	18	2	11	26
— 2. und folgende Aufwüchse,	92	860	96	904	170	32	237	465
unter 4 Wochen			17	17	26	2	11	29
— 2. und folgende Aufwüchse,	269	860	98	902	149	31	270	452
4-6 Wochen			17	17	23	2	12	28
— 2. und folgende Aufwüchse,	138	860	95	905	133	29	310	433
über 6 Wochen			19	19	24	3	19	30
Weidelgras, deutsches, Heu								
Lolium perenne								
— 1. Aufwuchs, im Ährenschieben	3	860	77	923	134	26	266	497
			12	12	30	9	12	21
— 1. Aufwuchs, Beginn bis Mitte	3	860	84	916	142	24	298	452
der Blüte			22	22	9	6	6	25
— 1. Aufwuchs, Ende der Blüte	4	860	83	917	101	18	356	442
			29	29	32	8	26	62
— 2. und folgende Aufwüchse,	3	860	95	905	118	27	290	470
über 6 Wochen			14	14	29	3	7	25

**) Je nach Ausgangssituation und Zeitdauer der Extensivierung ergeben sich sehr unterschiedliche Mineralstoffgehalte. Die angegebenen Mittelwerte können daher nur als Anhaltspunkt dienen.

*) Die angegebenen Natriumgehalte gelten für die Mitte Deutschlands. Für Norddeutschland kann etwa das Doppelte, für Süddeutschland kann etwa die Hälfte zugrunde gelegt werden.

	Verdaulichkeit					je kg Trockenmasse						je kg FM	
	dO %	dP %	dL %	dF %	dX %	DP g	DE MJ	Ca g	P g	Na g	Cl g	DP g	DE MJ
*	45	41	33	42	48	25	7.4	4.8	1.7	—	—	21	6.4
+	59	62	21	46	67	61	9.78	9.1	3.4	0.6	7.8	52	8.41
+	56	63	27	49	60	54	9.29	9.1	3.0	0.6	7.8	47	7.99
+	51	57	26	46	55	44	8.49	9.1	2.8	0.6	7.8	38	7.30
+	45	53	24	38	50	39	7.46	9.1	2.4	0.6	7.8	33	6.42
-	—	—	—	—	—	(73)	(10.0)	9.4	3.7	0.6	7.8	(62)	(8.6)
-	—	—	—	—	—	(63)	(9.1)	9.4	3.4	0.6	7.8	(54)	(7.8)
-	—	—	—	—	—	(48)	(8.2)	9.4	3.0	0.6	7.8	(41)	(7.1)
+	58	62	21	46	67	89	9.81	5.0	3.4	0.6	7.8	76	8.44
+	56	63	27	49	60	78	9.36	5.0	3.0	0.6	7.8	67	8.05
-	51	57	26	46	55	65	8.55	5.0	2.8	0.6	7.8	56	7.35
-	—	—	—	—	—	(105)	(10.3)	5.7	3.7	0.6	7.8	(91)	(8.8)
-	—	—	—	—	—	(86)	(9.1)	5.4	3.4	0.6	7.8	(74)	(7.9)
-	—	—	—	—	—	(72)	(8.3)	5.2	3.0	0.6	7.8	(62)	(7.1)
*	61	64	24	52	68	86	10.4	—	—	—	—	74	8.9
*	57	64	19	45	64	91	9.5	—	—	—	—	78	8.2
*	51	57	29	40	60	58	8.5	—	—	—	—	50	7.3
*	56	60	29	42	65	71	9.3	5.4	2.6	—	—	61	8.0

Heu, Spreu und Stroh (3)	n	T g	je kg Trockenmasse					
			XA g	OM g	XP g	XL g	XF g	XX g
Weidelgras, deutsches, Stroh	23	860	68 *9*	932 *9*	54 *10*	17 *2*	382 *20*	479 *19*
Weidelgras, welsches, Heu *Lolium multiflorum*								
— 1. Aufwuchs, vor dem Ährenschieben	5	860	117 *11*	883 *11*	184 *55*	43 *11*	228 *14*	428 *70*
— 1. Aufwuchs, im Ährenschieben	9	860	108 *18*	892 *18*	119 *35*	29 *10*	267 *9*	477 *58*
— 1. Aufwuchs, Beginn bis Mitte der Blüte	11	860	98 *21*	902 *21*	117 *34*	25 *7*	303 *10*	457 *48*
— 2. und folgende Aufwüchse, unter 4 Wochen	6	860	93 *26*	907 *26*	161 *32*	35 *4*	231 *10*	480 *66*
— 2. und folgende Aufwüchse, über 6 Wochen	12	860	104 *22*	896 *22*	114 *37*	22 *9*	313 *20*	447 *44*
Weizen, Spreu *Triticum aestivum*	21	860	149 *46*	851 *46*	46 *20*	21 *6*	338 *37*	446 *53*
Weizen, Stroh	101	860	81 *42*	919 *42*	37 *12*	14 *6*	427 *47*	441 *37*
— aufgeschlossen (Natronlauge)	31	860	100 *22*	900 *22*	38 *7*	14 *7*	437 *45*	411 *32*
— aufgeschlossen (Ammoniak)	22	860	71 *26*	929 *26*	86#) *17*	15 *4*	439 *52*	389 *36*
Wiese, grasreich, Heu*)								
— 1. Aufwuchs, vor dem Ähren-/ Rispenschieben	56	860	89 *22*	911 *22*	128 *24*	28 *6*	241 *12*	514 *34*
— 1. Aufwuchs, im Ähren-/ Rispenschieben	497	860	80 *16*	920 *16*	114 *18*	26 *4*	283 *12*	497 *25*
— 1. Aufwuchs, Beginn bis Mitte der Blüte	753	860	80 *16*	920 *16*	101 *16*	23 *4*	313 *10*	483 *24*
— 1. Aufwuchs, Ende der Blüte	405	860	77 *16*	923 *16*	89 *10*	21 *5*	342 *10*	471 *20*
— 1. Aufwuchs, überständig	110	860	83 *19*	917 *19*	88 *12*	20 *5*	373 *14*	436 *22*
— 2. und folgende Aufwüchse, unter 4 Wochen	73	860	101 *35*	899 *35*	141 *17*	32 *4*	233 *21*	493 *28*
— 2. und folgende Aufwüchse, 4-6 Wochen	137	860	90 *19*	910 *19*	122 *15*	30 *4*	276 *12*	482 *26*
— 2. und folgende Aufwüchse, über 6 Wochen	54	860	93 *27*	907 *27*	108 *16*	29 *4*	319 *26*	451 *3*

\#) Der Rohproteingehalt ist durch nicht verwertbaren NPN-Stickstoff-Anteil erhöht.
*) Die angegebenen Natriumgehalte gelten für die Mitte Deutschlands. Für Norddeutschland kann etwa das Doppelte, für Süddeutschland kann etwa die Hälfte zugrunde gelegt werden.

	Verdaulichkeit					je kg Trockenmasse						je kg FM	
	dO %	dP %	dL %	dF %	dX %	DP g	DE MJ	Ca g	P g	Na g	Cl g	DP g	DE MJ
*	44	40	34	40	48	22	7.3	4.5	1.4	—	—	19	6.3
*	63	71	30	54	68	131	10.6	5.3+	3.7	—	—	112	9.1
	59	57	61	60	60	68	9.87	5.3+	3.3	—	—	58	8.49
*	55	56	28	45	62	66	9.0	5.3	2.9	—	—	56	7.7
*	65	71	29	57	69	114	11.0	—	—	—	—	98	9.5
*	56	57	30	43	66	65	9.1	—	—	—	—	56	7.8
	38	28	99	37	37	13	6.07	3.1	1.6	0.5	1.1	11	5.22
	33	28	68	34	32	10	5.52	3.0	0.9	0.9	3.6	9	4.75
		30	27	7	8								
	45	0	70	53	39	0	7.14	3.0	0.9	24.0	3.6	0	6.14
				1	1								
	45	0	0	55	46	0	7.22	3.0	0.9	0.9	3.6	0	6.21
	66	67	15	65	68	86	10.87	5.5	4.2	0.6	7.8	74	9.35
		2	13	10	7								
	59	62	21	46	67	71	9.82	5.0	3.4	0.6	7.8	61	8.45
		7	24	8	5								
	56	63	27	49	60	63	9.29	5.0	3.0	0.6	7.8	54	7.99
		4	17	7	4								
	51	57	26	46	55	51	8.53	5.0	2.8	0.6	7.8	44	7.34
		8	20	4	5								
	45	53	24	38	50	46	7.42	5.0	2.4	0.6	7.8	40	6.38
		13	20	8	5								
	—	—	—	—	—	(87)	(10.1)	5.7	3.7	0.6	7.8	(75)	(8.7)
	—	—	—	—	—	(71)	(9.1)	5.4	3.4	0.6	7.8	(61)	(7.8)
	—	—	—	—	—	(58)	(8.2)	5.2	3.0	0.6	7.8	(50)	(7.1)

Heu, Spreu und Stroh (3)	n	T g	je kg Trockenmasse					
			XA g	OM g	XP g	XL g	XF g	XX g
Wiese, klee- und kräuterreich, Heu*)								
— 1. Aufwuchs, vor dem Ähren-/ Rispenschieben	20	860	102 *27*	898 *27*	183 *18*	33 *7*	230 *22*	452 *31*
— 1. Aufwuchs, im Ähren-/ Rispenschieben	155	860	93 *16*	907 *16*	164 *16*	30 *5*	276 *12*	437 *26*
— 1. Aufwuchs, Beginn bis Mitte der Blüte	420	860	94 *17*	906 *17*	138 *14*	27 *3*	307 *9*	434 *20*
— 1. Aufwuchs, Ende der Blüte	292	860	86 *19*	914 *19*	124 *15*	23 *5*	339 *10*	428 *24*
— 1. Aufwuchs, überständig	99	860	97 *23*	903 *23*	123 *15*	21 *4*	370 *20*	389 *25*
— 2. und folgende Aufwüchse, unter 4 Wochen	51	860	109 *31*	891 *31*	188 *19*	34 *7*	226 *26*	443 *31*
— 2. und folgende Aufwüchse, 4-6 Wochen	138	860	100 *19*	900 *19*	168 *20*	31 *5*	269 *13*	432 *28*
— 2. und folgende Aufwüchse, über 6 Wochen	119	860	98 *16*	902 *16*	141 *15*	31 *7*	313 *16*	417 *24*
Wiesenlieschgras, Heu *Phleum pratense*								
— 1. Aufwuchs, im Ährenschieben	9	860	60 *11*	940 *11*	93 *27*	20 *5*	298 *17*	529 *26*
— 1. Aufwuchs, Beginn bis Mitte der Blüte	34	860	65 *11*	935 *11*	96 *18*	23 *4*	332 *9*	484 *25*
— 1. Aufwuchs, Ende der Blüte	10	860	63 *11*	937 *11*	86 *16*	23 *5*	359 *15*	469 *22*
— 2. und folgende Aufwüchse, über 6 Wochen	4	860	66 *10*	934 *10*	100 *36*	21 *4*	337 *10*	476 *45*
Wiesenrispe, Stroh *Poa pratensis*	6	860	63 *9*	937 *9*	54 *16*	11 *3*	388 *27*	485 *12*
Wiesenschwingel, Stroh *Festuca elatior*	26	860	77 *10*	923 *10*	59 *17*	18 *2*	394 *27*	452 *22*

*) Die angegebenen Natriumgehalte gelten für die Mitte Deutschlands. Für Norddeutschland kann etwa das Doppelte, für Süddeutschland kann etwa die Hälfte zugrunde gelegt werden.

	Verdaulichkeit					je kg Trockenmasse					je kg FM	
n	dO %	dP %	dL %	dF %	dX %	DP g	DE MJ	Ca g	P g	Na g	Cl g	DP g	DE MJ
+	65	67	15	65	68	123	10.85	9.7	4.2	0.6	7.8	105	9.33
+	58	62	21	46	67	102	9.79	9.7	3.4	0.6	7.8	87	8.42
+	56	63	27	49	60	87	9.33	9.7	3.0	0.6	7.8	75	8.03
+	51	57	26	46	55	71	8.57	9.7	2.8	0.6	7.8	61	7.37
+	45	53	24	38	50	65	7.45	9.7	2.4	0.6	7.8	56	6.40
–	—	—	—	—	—	(117)	(10.2)	9.7	3.7	0.6	7.8	(100)	(8.8)
–	—	—	—	—	—	(97)	(9.2)	9.7	3.4	0.6	7.8	(84)	(7.9)
–	—	—	—	—	—	(76)	(8.3)	9.7	3.0	0.6	7.8	(65)	(7.1)
8	65	64 2	25 7	63 3	68 3	59	10.91	—	—	—	—	51	9.38
6	56	48 14	38 36	52 10	61 7	46	9.41	—	—	—	—	39	8.09
9	49	45 11	23 17	43 5	56 7	39	8.25	—	—	—	—	33	7.09
*	54	57	25	45	61	57	9.1	—	—	—	—	49	7.8
*	45	40	33	42	49	22	7.5	3.4	1.9	—	—	19	6.4
*	44	40	34	42	47	24	7.3	5.1	1.8	—	—	20	6.3

Handels- und andere Futtermittel (4)	n	T g	je kg Trockenmasse				
			XA g	OM g	XP g	XL g	XF g	XX g
Ackerbohne, Samen *Vicia faba var. minor*	209	880	39 6	961 6	299 27	16 6	90 16	556 32
Ackerbohnenflocken	9	880	37 8	963 8	297 26	16 3	94 16	556 37
Backabfälle								
— Brotabfälle	16	800	28 11	972 11	123 19	30 15	14 9	811 62
— Knäckebrotabfälle	3	930	26 8	974 8	121 16	24 10	16 10	813 12
— Keksabfälle	7	920	22 16	978 16	112 28	138 71	17 14	711 75
Bananen *Musa spp.*								
— geschält, getrocknet	6	880	41 17	959 17	39 12	13 11	28 23	879 51
Baumwollsaatextraktionsschrot *Gossypium spp.*								
— aus geschälter Saat	130	900	68 11	932 11	496 47	19 7	96 20	321 38
— aus geschälter Saat, aufgefettet	89	900	70 7	930 7	514 38	40 13	94 16	282 32
— aus teilgeschälter Saat	364	900	69 9	931 9	414 30	17 7	182 26	318 37
— aus teilgeschälter Saat, aufgefettet	143	900	70 5	930 5	408 25	41 13	192 17	289 31
Baumwollsaatkuchen/Expeller								
— aus geschälter Saat, über 9 % Fett	58	900	72 7	928 7	501 36	116 12	86 18	225 33
— aus geschälter Saat, 4-9 % Fett	71	910	69 6	931 6	478 34	70 14	102 22	281 33
— aus teilgeschälter Saat, über 9 % Fett	59	910	70 6	930 6	387 46	108 13	175 22	260 49
— aus teilgeschälter Saat, 4-9 % Fett	158	910	69 6	931 6	398 39	68 13	174 21	291 31
Biertreber								
— getrocknet	139	900	48 10	952 10	264 42	86 22	169 29	433 47
Bohne, Samen *Phaseolus vulgaris*								
— dampferhitzt	61	880	41 5	959 5	249 26	19 5	54 12	637 29

n	Verdaulichkeit					je kg Trockenmasse						je kg FM	
	dO %	dP %	dL %	dF %	dX %	DP g	DE MJ	Ca g	P g	Na g	Cl g	DP g	DE MJ
9	85	83	11	63	91	247	15.46	1.4	5.4	0.2	1.3	218	13.60
		9	10	25	3								
+	84	83	11	63	91	247	15.44	1.4	5.4	0.2	1.3	217	13.59
*	89	70	46	29	94	86	15.6	0.4	2.7	—	—	68	12.5
*	88	70	43	31	94	84	15.5	—	—	—	—	78	14.4
*	84	72	52	27	93	81	16.0	—	—	—	—	74	14.7
*	91	64	34	44	94	25	15.1	0.7	2.1	—	—	22	13.3
+	74	86	95	44	64	427	14.76	2.0	12.7	0.5	0.7	384	13.29
+	75	86	95	44	64	442	15.43	2.0	12.7	0.5	0.7	398	13.89
+	62	85	90	29	49	352	12.27	2.0	10.4	0.5	0.7	317	11.04
+	62	85	90	29	49	347	12.78	2.0	10.4	0.5	0.7	312	11.50
+	78	86	95	44	64	431	17.24	2.0	12.7	0.5	0.7	388	15.52
2	76	86	95	44	64	413	15.89	2.0	12.7	0.5	0.7	375	14.46
+	65	85	90	29	49	329	14.34	2.0	10.4	0.5	0.7	299	13.05
2	64	85	90	29	49	339	13.44	2.0	10.4	0.5	0.7	309	12.23
5	47	71	49	21	43	188	9.73	3.4	6.1	0.3	0.4+	169	8.76
		15	10	8	11								
*	81	83	23	46	85	208	14.6	1.6	4.5	—	—	183	12.9

Handels- und andere Futtermittel (4)	n	T g	je kg Trockenmasse					
			XA g	OM g	XP g	XL g	XF g	XX g
Bohnenschalen	3	920	51 18	949 18	48 10	4 2	458 33	439 15
Buchweizen, Körner *Fagopyrum sagittatum*	7	880	25 3	975 3	133 17	27 3	131 17	684 20
Dinkel, Körner *Triticum spelta*	4	880	50 4	950 4	126 19	25 7	111 17	688 26
Erbse, Samen *Pisum sativum ssp. arvense*	104	880	37 11	963 11	259 18	15 5	68 14	621 28
Erbsenflocken — aus geschälten Samen	5	880	29 1	971 1	254 11	12 4	35 3	666 12
Erbsenfuttermehl	4	900	38 12	962 12	237 43	28 10	79 6	618 16
Erbsenschalen	6	890	34 5	966 5	92 44	9 5	478 70	387 21
Futterzucker	6	990	8 7	992 8	15 13	0	0	977 19
Gerste (Nackt), Körner *Hordeum vulgare var. coeleste*	12	880	26 7	974 6	146 18	21 5	22 10	785 26
Gerste (Sommer), Körner *Hordeum vulgare*	999	880	28 6	972 6	120 16	23 6	53 13	776 24
Gerste (Winter), Körner	524	880	27 6	973 6	125 16	27 5	57 10	764 19
Gerste, Körner — geschält	19	880	18 5	982 5	126 28	23 7	18 7	815 38
Gerstenflocken — aus geschälten Körnern	3	877	15	985	135	18	20	812
Gerstenfuttermehl	32	880	37 15	963 15	140 30	34 15	66 28	723 62

	Verdaulichkeit				je kg Trockenmasse						je kg FM	
n	dO %	dP %	dL %	dF %	dX %	DP g	DE MJ	Ca g	P g	Na g	Cl g	DP g	DE MJ
*	40	34	0	38	43	16	6.6	—	—	—	—	15	6.1
2	67	65	50	6	80	87	11.99	1.1	3.7	—	—	76	10.55
*	71	75	48	27	78	95	12.3	0.5	3.6	0.1	—	83	10.8
	80	83	7	8	89	215	14.57	1.0	4.7	0.2	1.0	189	12.82
	83	83	7	8	89	211	15.11	1.0	4.7	0.2	1.0	186	13.30
*	75	83	29	36	79	198	13.8	—	—	—	—	178	12.4
*	41	48	0	35	47	44	7.0	—	—	—	—	39	6.2
	91	70	0	0	91 / 9	11	14.80	—	—	—	—	10	14.65
*	87	73	36	38	93	106	15.4	—	—	—	—	93	13.5
	83	79 / 9	45 / 17	32 / 22	88 / 4	94	14.60	0.7	3.9	0.2	1.5	83	12.85
	82	79	45	32	88	99	14.59	0.7	3.9	0.2	1.5	87	12.84
*	88	70	40	34	94	88	15.6	—	—	—	—	78	13.7
*	89	70	40	34	94	95	15.7	—	—	—	—	83	13.7
	—	—	—	—	—	(106)	(13.7)	0.8	4.1	0.5	—	(94)	(12.1)

Handels- und andere Futtermittel (4)	n	T g	XA g	OM g	XP g	XL g	XF g	XX g
				je kg Trockenmasse				
Gerstenkleie	8	890	54 / 13	946 / 13	126 / 33	39 / 14	150 / 18	631 / 4(
Gerstenschälkleie	17	900	67 / 14	933 / 14	131 / 22	50 / 15	204 / 18	548 / 4:
Gerstenschalen	9	900	69 / 19	931 / 19	65 / 21	23 / 10	289 / 42	554 / 37
Grünmehl (Gras)	189	900	114 / 36	886 / 36	185 / 24	42 / 9	229 / 38	43C / 3!
Grünmehl (Klee) *Trifolium pratense*	44	900	124 / 20	876 / 20	205 / 36	33 / 12	226 / 44	412 / 4<
Grünmehl (Luzerne) *Medicago sativa*	286	900	122 / 22	878 / 22	200 / 25	31 / 9	261 / 44	386 / 38
Hafer (Nackt), Körner *Avena nuda*	28	880	24 / 3	976 / 3	158 / 29	68 / 16	29 / 10	721 / 2:
Hafer, Körner *Avena sativa*	503	880	33 / 6	967 / 6	123 / 18	52 / 11	113 / 24	67$ / 3<
— entspelzt	54	900	23 / 8	977 / 8	150 / 27	66 / 18	24 / 7	737 / 3!
Haferfutterflocken	34	910	21 / 2	979 / 2	139 / 17	72 / 17	22 / 7	74(/ 2:
Haferfuttermehl	42	910	26 / 4	974 / 4	152 / 16	80 / 12	59 / 9	68: / 2(
Haferschälkleie	63	910	59 / 17	941 / 17	75 / 25	33 / 16	253 / 48	58(/ 3
Haferspelzen	127	910	61 / 11	939 / 11	56 / 25	21 / 9	325 / 24	537 / 2!
Hefe, Bierhefe *Saccharomyces cerevisiae* — getrocknet	30	900	81 / 15	919 / 15	521 / 52	22 / 21	24 / 19	35: / 5!

n	Verdaulichkeit					je kg Trockenmasse						je kg FM	
	dO %	dP %	dL %	dF %	dX %	DP g	DE MJ	Ca g	P g	Na g	Cl g	DP g	DE MJ
4	61	68 5	47 16	22 11	70 5	86	10.78	—	—	—	—	76	9.59
–	—	—	—	—	—	(84)	(10.0)	—	—	—	—	(75)	(9.0)
–	—	—	—	—	—	(34)	(8.3)	—	—	—	—	(30)	(7.5)
*	63	73	29	54	68	134	10.7	6.8	4.0	0.8	12.1	121	9.6
*	64	72	30	47	71	147	10.6	14.0	2.8	0.5+	7.1+	133	9.6
6	60	67 7	28 3	39 2	73 2	133	9.96	18.8	3.2	0.6	6.0	120	8.97
*	84	76	35	41	92	120	15.3	0.8	4.7	—	—	106	13.4
6	71	79 9	69 12	25 17	77 6	97	13.09	1.2	3.6	0.2	1.0	85	11.52
*	84	76	35	41	92	114	15.3	0.9	4.4	0.1	1.4	103	13.8
*	84	76	35	41	92	106	15.3	0.9	4.4	0.1	1.5	96	13.9
*	78	78	28	43	86	118	14.1	1.5	4.8	0.1	—	108	12.9
5	44	62 8	60 16	47 13	39 3	47	7.77	1.5	2.6	0.2	—	43	7.07
4	27	83 19	74 11	25 6	21 13	47	5.01	1.3	1.1	—	—	42	4.56
*	78	85	36	37	72	443	15.0	3.1	16.3	1.5	2.1	399	13.5

Handels- und andere Futtermittel (4)	n	T g	je kg Trockenmasse					
			XA g	OM g	XP g	XL g	XF g	XX g
Hefe, Sulfitablaugenhefe *Torulopsis utilis/Torula utilis* — getrocknet	137	910	84 *15*	916 *15*	506 *37*	36 *25*	31 *21*	343 *56*
Hirse, Körner *Panicum spp.*	14	880	34 *14*	966 *14*	130 *23*	46 *11*	52 *28*	738 *54*
Kartoffeleiweiß — getrocknet	15	910	32 *6*	968 *6*	840 *29*	20 *11*	8 *6*	100 *28*
Kartoffelflocken	45	880	53 *15*	947 *15*	89 *18*	4 *2*	29 *28*	825 *33*
Kartoffelpülpe — getrocknet	44	880	36 *26*	964 *26*	69 *47*	6 *5*	189 *56*	700 *81*
Kartoffelpülpe, eiweißreich — getrocknet	5	890	169 *53*	831 *53*	278 *77*	6 *4*	92 *28*	455 *80*
Kartoffelschnitzel	70	880	58 *10*	942 *10*	92 *16*	3 *3*	30 *11*	817 *23*
Kartoffelstärke	12	830	5 *3*	995 *3*	3 *3*	1 *1*	5	986 *6*
Kichererbse, Samen *Cicer arietinum*	47	880	40 *12*	960 *12*	227 *32*	53 *19*	63 *30*	617 *43*
Kokosextraktionsschrot *Cocos nucifera*	309	900	75 *12*	925 *12*	237 *16*	28 *9*	161 *24*	499 *34*
— aufgefettet	486	900	72 *9*	928 *9*	232 *14*	54 *10*	152 *20*	490 *27*
Kokoskuchen/Expeller — über 8 % Fett	313	900	67 *11*	933 *11*	227 *13*	94 *13*	145 *20*	467 *28*
— 5-8 % Fett	287	900	69 *10*	931 *10*	230 *15*	68 *7*	152 *21*	481 *30*
Lein, Samen *Linum usitatissimum*	23	880	49 *13*	951 *13*	248 *19*	365 *37*	72 *17*	266 *38*

n	Verdaulichkeit					je kg Trockenmasse						je kg FM	
	dO %	dP %	dL %	dF %	dX %	DP g	DE MJ	Ca g	P g	Na g	Cl g	DP g	DE MJ
*	77	85	33	41	72	430	14.8	3.4	14.1	1.4	5.3	391	13.5
*	82	75	26	46	89	98	14.3	0.3	3.1	0.2	—	86	12.6
*	80	87	50	0	38	731	17.9	—	—	—	—	665	16.3
6	88	70 22	0	60 33	91 8	62	14.68	0.5	2.6	0.3	2.9	54	12.92
8	82	31 16	0	66 11	93 2	21	13.77	—	—	—	—	19	12.11
*	72	87	0	24	74	242	11.7	—	—	—	—	215	10.4
*	88	70	0	60	91	64	14.55	0.5	2.7	0.3	2.9	57	12.81
*	97	0	0	0	98 1	—	16.61	0.2	0.6	—	—	0	13.79
*	77	83	27	42	83	189	14.2	2.0	3.3	0.4	0.8	166	12.5
*	70	71	34	40	82	169	12.3	1.5	6.5	0.9	5.2	152	11.1
*	70	71	34	40	82	165	12.4	1.5	6.5	0.9	5.2	148	11.2
*	68	71	34	40	82	161	12.5	1.5	6.3	0.9	5.2	145	11.2
*	69	71	34	40	82	163	12.5	1.5	6.3	0.9	5.2	147	11.2
*	67	75	52	0	98	186	15.98	2.9	6.2	0.9	0.4	164	14.06

Handels- und andere Futtermittel (4)	n	T g	je kg Trockenmasse					
			XA g	OM g	XP g	XL g	XF g	XX g
Leinextraktionsschrot	129	890	66	934	384	26	103	421
			10	10	25	10	16	33
— aufgefettet	97	890	64	936	369	56	92	419
			8	8	32	19	10	45
Leinkuchen/Expeller								
— über 8 % Fett	104	910	63	937	358	98	100	381
			11	11	28	17	17	30
— 4-8 % Fett	135	900	64	936	375	62	110	389
			11	11	27	12	24	33
Linsen, Samen								
Lens culinaris	6	880	31	969	288	7	44	630
			2	2	19	1	6	15
Lupine blau, süß, Samen								
Lupinus angustifolius	11	880	38	962	349	55	159	399
			6	6	43	7	15	39
Lupine gelb, süß, Samen								
Lupinus luteus	26	880	51	949	439	54	167	289
			22	22	33	7	32	37
Lupine weiß, süß, Samen								
Lupinus albus	20	880	41	959	376	88	136	359
			8	8	35	23	28	34
Mais, Körner								
Zea mays	790	880	17	983	106	46	26	805
			6	6	12	11	8	23
Maisflocken	20	880	12	988	97	34	20	837
			4	4	11	11	7	24
Maisfuttermehl	100	890	30	970	118	74	60	717
			12	12	12	26	11	43
Maiskeime								
— (Maismühlenindustrie)	53	930	57	943	166	210	59	508
			4	4	9	15	3	18
— (Stärkeindustrie)	106	930	48	952	139	491	58	264
			12	12	10	37	10	34
Maiskeimextraktionsschrot								
— (Maismühlenindustrie)	194	890	43	957	132	17	82	726
			7	7	18	6	14	23
— (Stärkeindustrie)	58	890	51	949	259	23	94	573
			11	11	24	6	20	30

n	Verdaulichkeit					je kg Trockenmasse						je kg FM	
	dO %	dP %	dL %	dF %	dX %	DP g	DE MJ	Ca g	P g	Na g	Cl g	DP g	DE MJ
8	66	83 *8*	41 *22*	0	68 *19*	319	12.69	4.5	9.3	1.0	0.6	284	11.30
+	66	83	41	0	68	306	12.82	4.5	9.3	1.0	0.6	273	11.41
+	64	83	41	0	68	297	12.82	4.1	9.0	1.0	0.6	270	11.67
+	64	83	41	0	68	311	12.68	4.1	9.0	1.0	0.6	280	11.41
*	83	85	0	48	85	243	15.2	0.7	3.6	—	—	214	13.3
+	75	94	27	76	65	328	14.65	2.1	3.1	0.4	0.9	289	12.89
5	78	94 *2*	27	76 *23*	65 *22*	414	15.48	2.1	5.6	0.4	0.9	364	13.62
+	74	94	27	76	65	353	14.82	2.0	4.6	0.4	—	311	13.04
8	86	69 *14*	59 *16*	48 *26*	91 *6*	73	15.45	0.4	3.2	0.1	0.7	64	13.59
+	87	69	59	48	91	67	15.54	0.4+	3.0	0.1+	0.7+	59	13.68
*	78	75	29	43	87	89	14.0	0.5	5.6	0.3	—	79	12.5
+	68	72	71	62	67	120	14.90	—	—	—	—	111	13.86
+	69	72	71	62	67	100	19.24	—	—	—	—	93	17.89
+	67	72	71	62	67	95	11.87	0.6	7.2	0.3	0.5	85	10.56
+	68	72	71	62	67	186	12.51	0.6	7.2	0.3	0.5	166	11.13

Handels- und andere Futtermittel (4)	n	T g	je kg Trockenmasse					
			XA g	OM g	XP g	XL g	XF g	XX g
Maiskeimkuchen/Expeller								
— (Maismühlenindustrie), 4-8 % Fett	17	910	37	963	134	55	75	699
			9	9	29	9	12	40
— (Stärkeindustrie), 4-8 % Fett	8	920	35	965	224	63	100	578
			28	28	31	11	30	42
Maiskleber	150	900	21	979	705	51	13	210
			13	13	45	17	10	47
Maiskleberfutter, eiweißreich	18	900	40	960	417	45	51	447
			18	18	65	25	23	62
Maiskleberfutter, 23-30 % Protein	444	890	60	940	261	41	90	548
			12	12	16	13	13	25
Maiskleberfutter, bis 23 % Protein	222	900	63	937	221	39	87	590
			15	15	13	11	12	26
Maiskleie	45	890	22	978	125	52	129	672
			16	16	48	29	30	39
Maiskolbenschrot								
— ohne Hüllblätter, CCM, getrocknet	8	880	17	983	96	38	60	789
			1	1	6	3	13	9
— mit Hüllblättern, getrocknet	11	880	41	959	84	22	179	674
			13	13	5	8	29	36
Maisnachmehl	21	870	26	974	111	64	44	756
			13	13	16	25	21	48
Maispflanzen, künstlich getrocknet	57	900	62	938	86	25	226	601
			22	22	21	8	56	71
Maisquellmehl	5	890	7	993	79	16	5	893
			3	3	8	8	2	10
Maisquellstärke	8	940	7	993	4	3	4	982
			6	13	1	3	3	14
— teilverzuckert	5	950	18	982	4	3	3	972
			11	12	1			14
Maisspindelmehl	7	880	30	970	28	6	381	555
			27	27	11	4	59	47
Maisstärke	17	880	1	999	9	3	2	985
			1	1	9	3	1	12
Malzkeime	346	920	70	930	296	11	145	478
			5	5	28	6	18	26

n	Verdaulichkeit					je kg Trockenmasse						je kg FM	
	dO %	dP %	dL %	dF %	dX %	DP g	DE MJ	Ca g	P g	Na g	Cl g	DP g	DE MJ
1	68	72	71	62	67	96	12.55	0.6	7.2	0.3	0.5	88	11.42
+	68	72	71	62	67	161	13.13	0.6	7.2	0.3	0.5	148	12.08
*	80	92	45	28	55	645	17.8	0.6	5.5	0.4	1.0	581	16.0
*	79	92	24	45	76	385	15.5	—	—	—	—	346	13.9
*	73	86	37	29	76	224	13.3	1.0	9.1	2.1	2.7	200	11.9
*	72	86	37	29	76	190	13.1	1.5	8.8	2.7	—	171	11.8
2	68	53	49	99	67	66	12.37	0.7	7.7	—	—	58	11.01
-	—	—	—	—	—	(67)	(15.1)	0.4+	3.2	0.2+	0.7+	(59)	(13.3)
+	80	70	67	64	86	59	13.82	1.0+	3.1	0.2+	0.5+	52	12.16
*	83	73	28	47	90	81	14.6	0.7	4.6	0.2	—	71	12.7
5	71 7	54 4	55 1	60 4	78	46	11.98	3.3+	2.5+	0.4	—	42	10.78
*	91	63	56	0	94	50	15.9	—	—	—	—	44	14.2
*	94	0	0	0	95	0	16.0	—	—	—	—	0	15.0
*	94	0	0	0	95	0	15.8	—	—	—	—	0	15.0
2	29	33	0	5	45	9	4.85	0.8	0.4	—	—	8	4.27
*	93	0	0	0	95	0	16.0	—	—	—	—	0	14.1
*	72	80	60	51	74	237	13.0	2.9	7.9	0.8	—	218	12.0

Handels- und andere Futtermittel (4)	n	T g	je kg Trockenmasse					
			XA g	OM g	XP g	XL g	XF g	XX g
Maniokmehl/Maniokschnitzel *Manihot esculenta*	214	880	37 21	963 21	26 8	6 4	32 10	899 32
Maniokmehl/Maniokschnitzel, Typ 55	280	880	58 29	942 29	27 6	7 3	56 17	852 40
Melasse (Zuckerrohr) *Saccharum officinarum*	14	740	122 33	878 33	49 21	3 3	5 2	821 45
Melasse (Zuckerrübe)	45	770	103 27	897 27	129 39	2 2	5	761 40
— teilentzuckert	5	680	214 57	786 57	262 84	0	1	523 62
— getrocknet	6	980	144 15	856 15	154 8	6	2	694 20
Melasseschnitzel, zuckerarm	66	890	71 20	929 20	107 17	8 6	169 38	645 32
Melasseschnitzel	52	910	80 15	920 15	125 13	9 8	159 19	627 23
Melasseschnitzel, zuckerreich	26	900	84 12	916 12	125 14	8 7	143 20	640 19
Milchprodukte (Rind) — Vollmilch, frisch	243	140	53 8	947 8	262 20	324 36	0	361 29
— Vollmilchpulver	8	960	63 4	937 4	270 11	258 42	0	409 44
— Magermilch, frisch	21	86	82 10	918 9	361 34	11 6	0	546 36
— Magermilchpulver	141	960	83 4	917 4	365 18	5 5	0	547 20
— Kaseinpulver	17	910	36 24	964 24	903 37	12 10	0	49 32
— Buttermilch, frisch	7	83	77 7	923 7	374 25	67 49	0	482 28
— Buttermilchpulver	108	960	82 9	918 9	320 11	64 11	0	534 18
— Süßmolke, frisch	15	58	78 15	922 15	137 17	13 11	0	772 18
— Süßmolkenpulver	61	960	85 6	915 6	132 10	11 9	0	772 13
— Sauermolke, milchsauer, frisch	7	64	112 14	888 14	156 18	12 11	0	720 23

	Verdaulichkeit					je kg Trockenmasse						je kg FM	
n	dO %	dP %	dL %	dF %	dX %	DP g	DE MJ	Ca g	P g	Na g	Cl g	DP g	DE MJ
*	86	63	0	47	89	16	14.4	1.4	1.0	0.3	0.3	14	12.6
*	85	63	0	47	89	17	13.9	1.8	1.0	0.3	0.3	15	12.2
*	89	63	0	0	91	31	13.5	9.7	0.7	2.3	20.2	23	10.0
2	89	80	0	0	91	103	14.31	3.2	0.3	7.5	—	79	11.02
+	87	80	0	0	91	210	13.00	—	—	—	—	143	8.84
+	88	80	0	0	91	123	13.68	—	—	—	—	121	13.40
+	80	57	0	69	87	61	13.04	6.1	0.9	2.2	1.2+	54	11.60
+	79	57	0	69	87	71	12.89	6.1	0.9	2.4+	1.2+	65	11.73
+	79	57	0	69	87	71	12.89	—	—	2.4+	1.2+	64	11.60
*	91	91	93	0	88	238	22.4	8.3	7.1	3.2	8.2	33	3.1
*	90	91	93	0	88	246	21.0	8.3	7.1	3.2+	8.2+	236	20.1
*	89	91	93	0	88	329	16.2	13.5	10.6	5.5	11.0+	28	1.4
*	89	91	93	0	88	332	16.1	13.5	10.6	5.5	11.0+	319	15.4
*	91	91	93	0	88	822	20.1	—	—	—	—	748	18.3
*	90	91	93	0	88	340	17.5	13.5+	10.6+	5.5+	11.0+	28	1.5
*	89	91	93	0	88	291	17.0	13.5+	10.6+	5.5+	11.0+	280	16.4
*	89	91	93	0	88	125	15.0	6.9	6.9	7.1	—	7	0.9
*	88	91	93	0	88	120	14.8	6.9	6.9	7.1	—	115	14.2
*	89	91	93	0	88	142	14.6	19.2+	11.7+	7.0+	—	9	0.9

Handels- und andere Futtermittel (4)	n	T g	je kg Trockenmasse					
			XA g	OM g	XP g	XL g	XF g	XX g
— Sauermolkenpulver, milchsauer	11	960	110	890	152	8	0	730
			18	18	45	6		3
— Sauermolke, mineralsauer, frisch	11	61	120	880	134	8	0	738
			9	9	14	2		2
— Sauermolkenpulver, mineralsauer	19	960	117	883	125	6	0	752
			6	6	14	3		1
— Molkenpulver, teilentzuckert	6	960	238	762	239	13	0	510
			7	7	7	2		1
Milo, Körner								
Sorghum bicolor var. subglabrescens	72	880	18	982	116	34	25	807
			10	10	10	7	7	1
Obsttrester (Apfel)								
Malus sylvestris								
— getrocknet	22	920	26	974	62	49	226	63
			13	13	16	20	39	5
Palmkernextraktionsschrot								
Elaeis guineensis	242	890	43	957	187	21	199	550
			5	5	20	9	29	3
— aufgefettet	72	880	44	956	191	48	199	518
			3	3	17	9	18	2
Palmkernkuchen/Expeller								
— über 9 % Fett	231	920	42	958	187	117	181	47
			5	5	22	28	32	3
— 4-9 % Fett	231	910	46	954	207	73	168	500
			8	8	18	12	30	2
Pflanzenöle	3	999	1	999	0	999	0	
Rapsextraktionsschrot								
Brassica napus	372	890	82	918	394	23	140	36
			14	14	21	8	18	3
— aufgefettet	47	880	95	905	400	44	144	31
			20	20	17	10	8	3
Rapskuchen/Expeller								
— über 8 % Fett	8	910	80	920	367	87	126	34
			4	4	12	11	13	1
— 4-8 % Fett	24	900	77	923	411	53	128	33
			8	8	35	12	31	3
Rapsextraktionsschrot, '00' Typ	22	890	79	921	406	27	129	35
			10	10	28	10	10	3

n	Verdaulichkeit					je kg Trockenmasse						je kg FM	
	dO %	dP %	dL %	dF %	dX %	DP g	DE MJ	Ca g	P g	Na g	Cl g	DP g	DE MJ
*	89	91	93	0	88	138	14.5	19.2	11.7	7.0	—	133	13.9
*	89	91	93	0	88	122	14.2	21.2+	11.4+	11.6+	—	7	0.9
*	88	91	93	0	88	114	14.2	21.2	11.4	11.6	—	109	13.6
*	89	91	93	0	88	217	13.2	39.4	14.7	17.4	—	209	12.6
+	83	69	64	45	87	80	14.92	0.6	3.1	0.4	—	70	13.13
4	50	49	0	43	56	31	8.56	1.9	1.5	0.2	—	28	7.87
*	67	71	25	42	77	133	12.0	2.8	7.2	0.3	4.3	118	10.6
*	66	71	25	42	77	135	11.8	2.8	7.2	0.3	4.3	119	10.4
*	63	71	25	42	77	133	11.7	2.4	6.6	0.3	4.3	122	10.8
*	66	71	25	42	77	147	12.0	2.4	6.6	0.3	4.3	134	10.9
6	95	0	95	0	0	0	36.15	—	—	—	—	0	36.12
1	69	69	56	64	70	273	12.66	7.1	12.2	0.2	0.3	243	11.27
+	68	69	56	64	70	276	12.69	7.1	12.2	0.2	0.3	243	11.16
+	67	69	56	64	70	253	13.16	7.2	11.4	0.2	0.3	230	11.97
+	68	69	56	64	70	284	13.04	7.2	11.4	0.2	0.3	255	11.74
+	68	69	56	64	70	280	12.76	7.1	12.2	0.2	0.3	249	11.35

Handels- und andere Futtermittel (4)	n	T g	je kg Trockenmasse					
			XA g	OM g	XP g	XL g	XF g	XX g
Rapskuchen/Expeller, '00' Typ								
— 4-8 % Fett	6	900	79 / 7	921 / 7	401 / 11	44 / 5	122 / 15	354 / 10
Reis, Körner								
Oryza sativa	20	880	65 / 11	935 / 11	93 / 18	23 / 9	109 / 25	710 / 28
— geschält	59	880	14 / 14	986 / 16	91 / 15	19 / 17	8 / 5	868 / 41
Reisfuttermehl, extrahiert	10	890	115 / 29	885 / 29	166 / 34	35 / 23	104 / 25	580 / 81
Reisfuttermehl, gelb	30	900	115 / 16	885 / 16	147 / 13	180 / 32	104 / 15	454 / 43
Reisfuttermehl, weiß	29	890	88 / 30	912 / 30	148 / 13	153 / 37	57 / 16	554 / 85
Roggen, Körner								
Secale cereale	101	880	22 / 6	978 / 6	113 / 19	18 / 6	28 / 12	819 / 28
Roggenfuttermehl	22	880	36 / 8	964 / 8	168 / 23	34 / 8	38 / 10	725 / 36
Roggengrießkleie	136	880	53 / 9	947 / 9	164 / 13	37 / 4	65 / 9	681 / 20
Roggenkleie	136	880	60 / 10	940 / 10	163 / 17	36 / 5	83 / 10	658 / 30
Roggennachmehl	4	880	32 / 9	968 / 9	167 / 28	32 / 4	21 / 4	749 / 43
Schlempe (Gerste)								
— getrocknet	15	920	60 / 12	940 / 12	274 / 21	65 / 13	124 / 16	477 / 18
Schlempe (Kartoffel)								
— getrocknet	10	900	138 / 27	862 / 27	278 / 23	16 / 11	104 / 52	464 / 29
Schlempe (Mais)								
— getrocknet	52	900	52 / 14	948 / 14	279 / 42	74 / 35	101 / 15	495 / 59

n	Verdaulichkeit					je kg Trockenmasse						je kg FM	
	dO %	dP %	dL %	dF %	dX %	DP g	DE MJ	Ca g	P g	Na g	Cl g	DP g	DE MJ
+	68	69	56	64	70	277	12.90	7.2	11.4	0.2	0.3	249	11.61
*	71	73	48	26	78	68	12.0	0.9	3.2	—	—	59	10.6
*	90	70	53	0	94	64	15.9	0.3	2.4	0.1	0.2	56	14.0
*	69	73	50	23	77	121	11.5	—	—	—	—	108	10.3
*	64	73	50	23	77	107	12.3	0.8	5.6	0.3	—	97	11.1
*	73	73	40	37	86	108	13.4	0.8	14.6	0.3	—	96	11.9
	91	76	56	23	96	86	15.97	0.6	3.5	0.1	—	76	14.05
*	84	77	28	36	90	129	14.8	—	—	—	—	114	13.0
*	78	79	28	36	85	130	13.7	1.3	9.5	0.2	—	114	12.1
	68	79	53	0	75	128	12.10	1.7	11.1	0.4	—	113	10.65
*	86	75	39	36	92	124	15.3	0.7	5.2	0.1+	—	110	13.5
	—	—	—	—	—	(219)	(12.9)	1.1	7.6	—	—	(202)	(11.9)
	—	—	—	—	—	(167)	(9.6)	2.5	7.4	0.4	—	(150)	(8.6)
	—	—	—	—	—	(223)	(13.0)	1.1	8.8	—	—	(201)	(11.7)

Handels- und andere Futtermittel (4)	n	T g	je kg Trockenmasse					
			XA g	OM g	XP g	XL g	XF g	XX g
Schlempe (Milo)								
— getrocknet	6	930	54	946	308	88	102	448
			17	17	91	27	14	114
Schlempe (Weizen)								
— getrocknet	9	920	60	940	320	78	103	438
			33	33	36	25	14	41
Sojabohne, Samen								
Glycine max	69	880	53	947	404	201	60	282
			6	6	29	18	15	41
Sojabohnenschalen	21	900	48	952	129	22	390	411
			7	7	28	13	45	38
Sojaextraktionsschrot								
— aus geschälter Saat, dampferhitzt	265	890	67	933	552	13	39	329
			6	6	24	8	6	20
— aus ungeschälter Saat, dampferhitzt	999	880	67	933	513	14	65	341
			6	6	23	8	6	25
— aus ungeschälter Saat, dampferhitzt, aufgefettet	26	890	67	933	502	53	64	314
			7	7	23	14	7	29
— aus ungeschälter Saat mit überhöhtem Schalenanteil	353	890	69	931	493	17	86	335
			6	6	20	7	10	20
Sojaprotein-Konzentrat	6	920	64	936	663	19	47	207
			7	7	40	15	12	28
Sonnenblumenextraktionsschrot								
Helianthus annuus								
— aus geschälter Saat	9	910	81	919	457	17	128	317
			9	9	19	10	18	24
— aus teilgeschälter Saat	314	900	70	930	383	25	222	300
			7	7	31	7	21	27
— aus teilgeschälter Saat, aufgefettet	9	910	70	930	385	48	215	282
			5	5	14	16	13	21
— aus ungeschälter Saat	59	880	64	936	322	27	289	298
			5	5	20	6	6	23
— aus ungeschälter Saat, aufgefettet	11	880	64	936	323	43	295	275
			6	6	8	8	15	18
Sonnenblumenkuchen/Expeller								
— aus geschälter Saat, über 8 % Fett	6	910	79	921	474	118	118	211
			12	12	77	35	38	65
— aus geschälter Saat, 4-8 % Fett	7	900	64	936	477	64	115	280
			5	5	63	14	30	55
— aus teilgeschälter Saat, 4-8 % Fett	7	910	66	934	387	59	206	282
			7	7	44	15	30	33

Verdaulichkeit					je kg Trockenmasse					je kg FM	
dO %	dP %	dL %	dF %	dX %	DP g	DE MJ	Ca g	P g	Na g	Cl g	DP g	DE MJ
—	—	—	—	—	(246)	(13.2)	2.1	7.5	—	—	(229)	(12.3)
—	—	—	—	—	(256)	(13.2)	1.4	8.1	—	—	(236)	(12.1)
79	91	75	34	74	368	18.1	2.8	6.4	0.4	—	324	16.0
68	67	0	59	81	87	11.61	5.5	1.5	0.2	—	78	10.45
86	91	0	87	82	502	16.78	3.2	8.0	0.2	0.3	447	14.93
86	91	0	87	82	468	16.56	3.4	7.3	0.3	0.4	412	14.57
	6		4	11								
87	91	75	87	82	457	17.41	3.4	7.3	0.3	0.4	407	15.49
86	91	0	87	82	449	16.33	3.8	7.2	0.3	0.4+	399	14.53
79	91	23	48	55	603	16.4	—	—	—	—	555	15.1
70	88	55	31	62	402	13.7	4.2	11.1	0.3	1.1	366	12.4
—	—	—	—	—	(337)	(12.4)	4.0	10.6	0.3	1.1	(303)	(11.2)
—	—	—	—	—	(339)	(12.5)	4.0	10.6	0.3	1.1	(308)	(11.4)
47	85	99	5	41	274	9.67	4.0	6.9	0.3	1.1	241	8.51
48	85	99	5	41	275	10.13	4.0	6.9	0.3	1.1	242	8.92
71	88	55	31	62	417	15.0	4.2	11.1	0.3	1.1	380	13.6
71	88	55	31	62	420	14.6	4.2	11.1	0.3	1.1	378	13.1
—	—	—	—	—	(341)	(12.6)	4.0	10.6	0.3	1.1	(310)	(11.5)

Handels- und andere Futtermittel (4)	n	T g	je kg Trockenmasse					
			XA g	OM g	XP g	XL g	XF g	XX g
Sorghum, Körner *Sorghum bicolor*	172	880	21 *11*	979 *11*	112 *17*	34 *10*	27 *17*	806 *28*
Sorghumkleberfutter	4	890	46 *32*	954 *32*	271 *27*	52 *11*	63 *23*	568 *39*
Stutenmilch — Kolostralmilch	60	167	39 *6*	961 *6*	452 *54*	130 *11*	0	379 *56*
— 1. Laktationsmonat	487	114	41 *4*	959 *4*	225 *31*	186 *18*	0	548 *33*
— 3. Laktationsmonat	252	109	39 *4*	961 *4*	214 *20*	180 *18*	0	567 *33*
— 5. Laktationsmonat	68	100	41 *9*	959 *9*	200 *29*	94 *45*	0	665 *56*
Tierfette und -öle	3	999	1	999	0	999	0	0
Traubentrester *Vitis vinifera* — getrocknet	19	900	67 *15*	933 *15*	144 *21*	69 *17*	236 *39*	484 *52*
Triticale, Körner	35	880	23 *9*	977 *9*	146 *26*	18 *7*	30 *9*	783 *30*
Trockenschnitzel	346	900	56 *22*	944 *22*	100 *16*	9 *7*	206 *33*	629 *34*
Weizen (Hart), Körner *Triticum durum*	38	880	23 *12*	977 *12*	149 *22*	25 *10*	30 *5*	773 *34*
Weizen (Sommer), Körner *Triticum aestivum*	6	880	21 *4*	979 *4*	157 *15*	23 *5*	25 *4*	774 *20*
Weizen (Winter), Körner	324	880	19 *3*	981 *3*	138 *21*	20 *5*	29 *7*	794 *25*
Weizenfuttermehl	59	880	43 *8*	957 *8*	190 *21*	50 *8*	52 *8*	665 *32*
Weizengrieß	36	880	13 *10*	987 *10*	137 *22*	21 *11*	8 *6*	821 *41*
Weizengrießkleie	720	880	55 *10*	945 *10*	176 *17*	50 *9*	95 *16*	624 *26*

n	Verdaulichkeit					je kg Trockenmasse						je kg FM	
	dO %	dP %	dL %	dF %	dX %	DP g	DE MJ	Ca g	P g	Na g	Cl g	DP g	DE MJ
1	83	69	64	45	87	77	14.85	0.3	3.4	0.2	0.6	68	13.07
*	74	86	27	41	76	233	13.8	—	—	—	—	207	12.2
4	91	91	96	0	89	410	19.99	5.8	5.7	2.2	—	68	3.34
		5	3		10								
4	88	91	84	0	88	204	18.86	10.4	7.6	1.9	—	23	2.15
		5	14		7								
+	88	91	84	0	88	195	18.81	9.9	3.7	1.9	—	21	2.05
+	88	91	84	0	88	182	17.24	7.4	2.7	1.9	—	18	1.72
*	95	0	95	0	0	0	36.2	—	—	—	—	0	36.1
7	27	10	20	24	35	14	4.70	6.2	1.9	0.9	—	13	4.23
		1		2	1								
*	87	73	30	45	92	107	15.3	0.4	4.3	0.1	—	94	13.5
3	79	57	0	69	87	57	13.11	7.5	1.1	2.4	1.2	51	11.80
		18		23	8								
*	86	74	30	44	92	110	15.3	0.6	3.6	0.1	0.9	97	13.4
*	86	74	30	44	92	116	15.3	0.5+	3.8+	0.1+	0.9+	102	13.5
*	87	73	30	44	92	100	15.4	0.5	3.8	0.1	0.9	88	13.5
*	79	75	26	45	87	143	14.1	1.1	7.5	0.3	1.2	125	12.4
*	89	75	52	0	93	103	15.9	0.5	1.6	0.1	—	90	14.0
2	70	75	57	32	75	132	12.65	1.2	10.3	0.3	1.5	116	11.13
		6	19	5	3								

Handels- und andere Futtermittel (4)	n	T g	XA g	je kg Trockenmasse				
				OM g	XP g	XL g	XF g	XX g
Weizenkeime	55	900	49 6	951 6	293 40	94 25	44 25	520 42
Weizenkeimextraktionsschrot	3	900	56 3	944 3	316 5	13	40 1	575 2
Weizenkeimkuchen/Expeller — 4-8 % Fett	14	940	59 9	941 9	320 16	52 5	28 6	541 19
Weizenkleber	8	910	12 4	988 4	842 47	17 16	5 3	124 55
Weizenkleberfutter	12	900	51 3	949 3	182 11	46 6	73 3	648 19
Weizenkleie	424	880	65 9	935 9	160 11	43 9	134 10	598 17
Weizennachmehl	81	880	38 10	962 10	193 30	51 14	33 6	685 5
Wicke (Saat), Samen *Vicia sativa*	3	880	71 43	929 43	291 26	16 7	64 4	558 2
Zitrustrester *Citrus spp.* — getrocknet	113	900	64 21	936 21	72 13	35 10	136 34	693 5
Zuckerrübenschnitzel (Vollschnitzel) *Beta vulgaris var. altissima*	21	900	54 27	946 27	59 19	7 7	71 43	809 8

| n | Verdaulichkeit ||||| je kg Trockenmasse |||||| je kg FM ||
---	dO %	dP %	dL %	dF %	dX %	DP g	DE MJ	Ca g	P g	Na g	Cl g	DP g	DE MJ
*	79	87	35	39	85	255	15.0	0.7	9.9	0.2	—	229	13.5
*	83	87	35	39	85	275	15.2	1.1	11.9	0.2	—	247	13.6
*	82	87	35	39	85	278	15.2	1.1	11.9	0.2	—	262	14.3
3	92	98 *1*	80 *7*	0	55	823	20.64	—	—	—	—	749	18.78
*	75	78	30	37	82	142	13.4	—	—	—	—	128	12.0
5	62	74 *13*	49 *28*	39 *17*	64 *8*	119	11.03	1.5	13.4	0.4	1.3	105	9.70
*	83	79	31	45	90	152	15.0	0.7	5.7	0.1	0.8	134	13.2
*	77	83	26	41	80	242	13.8	1.1	4.6	0.2	0.9	213	12.2
*	71	65	62	39	79	47	12.2	15.8	1.3	0.7	—	42	11.0
+	89	70	0	65	93	41	14.66	2.5	1.1	0.7+	4.0+	37	13.19

5 Register der Synonyme

In diesem Register sind nur diejenigen Benennungen (Synonyme) aufgeführt, die in der Tabelle nicht verwendet werden. Um das Auffinden solcher Futtermittel zu erleichtern, ist im Register hinter der Benennung in Klammern vermerkt, in welchen der vier jeweils alphabetisch geordneten Tabellenteilen sie vorkommen: (1) = Grünfutter, Wurzeln, Knollen usw., frisch; (2) = Silagen; (3) = Heu, Spreu und Stroh; (4) = Handels- und andere Futtermittel.

Andere Benennung	Benennung in der Tabelle
Apfeltrester	Obsttrester (Apfel) (1,2,4)
Bierhefe	Hefe: Bierhefe (1,4)
Brotabfälle	Backabfälle (4)
Buttermilch	Milchprodukte: Buttermilch (4)
Canola	Raps, '00' Typ (4)
Carotte	Mohrrübe (1)
Casein	Milchprodukte: Kaseinpulver (4)
Cassava	Maniok (4)
CCM (Corn-Cob-Mix)	Maiskolben (2,4)
Citrustrester	Zitrustrester (4)
Diffusionsschnitzel	Naß-Schnitzel (1,2)
Dorschlebertran	Tierfette (4)
Erdnußöl	Pflanzenöle (4)
Extensivweide	Weide (Extensiv) (1,2,3)
Flachs	Lein (4)
Futtererbse	Erbse (4)
Futterhefe	Hefe: Sulfitablaugenhefe (4)
Futtermöhre	Mohrrübe (1)
Gartenbohne	Bohne (4)
Gehaltvolle Futterrübe	Futterrübe (gehaltvolle) (1,2)
Gelbe Rübe	Mohrrübe (1)
Gerstenschlempe	Schlempe (Gerste) (4)
GPS (Ganzpflanzensilage)	Ackerbohne, Gerste, Hafer, Weizen (2)
Gras	Weide/Wiese (1,2,3)

Grasgrünmehl	Grünmehl (Gras) (4)
Haferkerne	Hafer, entspelzt (4)
Hartweizen	Weizen (Hart) (4)
Herbstrübe	Stoppelrübe (1)
Hirse	Sorghum/Milo (4)
Intensivweide	Weide (Intensiv) (1,2,3)
Karotte	Mohrrübe (1)
Kartoffelschlempe	Schlempe (Kartoffel) (1,4)
Kasein	Milchprodukte: Kaseinpulver (4)
Keksabfälle	Backabfälle (4)
Klee, Rotklee	Rotklee (1,2,3)
Kleegrünmehl	Grünmehl (Klee) (4)
Knäckebrotabfälle	Backabfälle (4)
Kokosnußöl	Pflanzenöle (4)
Kuhmilch	Milchprodukte: Vollmilch (4)
Luzernegrünmehl	Grünmehl (Luzerne) (4)
Mähweide	Weide (1,2,3)
Magermilch	Milchprodukte: Magermilch (4)
Maisschlempe	Schlempe (Mais) (4)
Maniokschnitzel	Maniokmehl/Maniokschnitzel (4)
Massenrübe	Futterrübe (1)
Miloschlempe	Schlempe (Milo) (4)
Möhre	Mohrrübe (1)
Mohrenhirse	Sorghum (4)
Molke	Milchprodukte: Sauer-/Süßmolke (4)
Nacktgerste	Gerste (Nackt) (4)
Nackthafer	Hafer (Nackt) (4)
Panicumhirse	Hirse (4)
Pferdebohne	Ackerbohne (4)
Pferdemilch	Stutenmilch (4)
Rote Beete	Rote Rübe (1)
Rindertalg	Tierfette (4)
Roggenbollmehl	Roggengrießkleie (4)
Runkelrübe	Futterrübe (1,2)

Saaterbse	Erbse (4)
Saatwicke	Wicke (4)
Saubohne	Ackerbohne (4)
Sauermolke	Milchprodukte: Sauermolke (4)
Schweineschmalz	Tierfette (4)
Seetieröl	Tierfette (4)
Sojaöl	Pflanzenöle: (4)
Sommergerste	Gerste (Sommer) (4)
Sorghumhirse	Sorghum (4)
Steckrübe	Kohlrübe (1)
Süßlupine, gelb/blau/weiß	Lupine (4)
Süßmolke	Milchprodukte: Süßmolke (4)
Sulfitablaugenhefe	Hefe: Sulfitablaugenhefe (4)
Tapioka	Maniok (4)
Trockenmilch	Milchprodukte: Vollmilchpulver (4)
Turnips	Stoppelrübe (1)
Wasserrübe	Stoppelrübe (1)
Weiße Rübe	Stoppelrübe (1)
Weizenschlempe	Schlempe (Weizen) (4)
Wintergerste	Gerste (Winter) (4)
Winterweizen	Weizen (Winter) (4)
Winterwicke	Wicke (Saat) (4)
Wrucke	Kohlrübe (1)
Zucker	Futterzucker (4)
Zuckerrohrmelasse	Melasse (Zuckerrohr) (4)
Zuckerrübenmelasse	Melasse (Zuckerrübe) (4)
Zuckerrübenmelasseschnitzel	Melasseschnitzel (4)
Zuckerrübenpreßschnitzel	Preßschnitzel (2)
Zuckerrübenvollschnitzel	Zuckerrübenschnitzel (4)

Energie- und Nährstoffbedarf landwirtschaftlicher Nutztiere

Heft 2

Empfehlungen zur Energie- und Nährstoffversorgung der Pferde

2. Aufl. 1994. 68 Seiten, brosch. DM 29,-

In der vorliegenden, gründlich und vollständig überarbeiteten Broschüre sind die neuesten Erkenntnisse über die Ernährung von Pferden aller Rassen zusammengetragen.

Die Bedarfszahlen zur Energie- und Proteinversorgung, zur Versorgung mit Mineralstoffen, Spurenelementen und Vitaminen sind in übersichtlichen Tabellen zusammengefaßt worden.

Kurze, leicht verständliche Texte erläutern die Anwendung der Daten. Jeder Pferdehalter kann den optimalen Bedarf seiner Tiere je nach Leistungsbeanspruchung (Erhaltung, Wachstum, Arbeitsleistung, Produktionsleistung, Bildung der Konzeptionsprodukte während der Trächtigkeit) genau berechnen.

Eine bedarfsgerechte und ausgeglichene Fütterung ist besonders wichtig für hochbeanspruchte Sportpferde, Fohlen, führende Stuten sowie junge Pferde in der Aufzucht.

**DLG-Verlag
Eschborner Landstraße 122
60489 Frankfurt/M.**

Christian Lamparter

Fahren mit Pferd und Kutsche

- Eine Anleitung für den Freizeitfahrer -

3. Aufl. 1991. 132 Seiten, 50 Zeichnungen von Herbert Gerlach; brosch. DM 26,-

Von Jahr zu Jahr wird die Zahl der Menschen größer, die sich ein Pferd als Hobby halten. Entsprechend groß ist das Interesse an Büchern, die sich mit Haltung und Pflege, Fütterung und Einsatz als Reit- oder Wagenpferd befassen.

"Fahren mit Pferd und Kutsche" will auch gelernt sein. Das vorliegende Buch vermittelt alles Wissenswerte über das Wagenpferd, die Anspannung, die Kutsche und das Fahren über längere Strecken.
Inhalt: Pferdehaltung kurzgefaßt - Geschirrlehre und -pflege – Das Pferd lernt ziehen – Der Mensch lernt fahren – Mit welchem Fahrsystem? – Rund um den Wagen – Kann die Ausfahrt beginnen? – Hobbyfahrer auf dem Turnier.

**DLG-Verlag
Eschborner Landstraße 122
60489 Frankfurt/M.**